ÖKOSOZIALES
FORUM
ÖSTERREICH

Heinrich G. Kopetz

Das Jahrhundertprojekt

Der Aufbau der solaren Energiewirtschaft in
Österreich als Antwort auf die Naturkatastrophen

Herausgeber: Ökosoziales Forum Österreich
Redaktion: Angelika Bacher, Ernst Scheiber
Druck: just print it, Landesverlag Druckservice
Hafenstraße 1–3, 4010 Linz
Typografie: Hantsch & Jesch PrePress Services,
Achauer Straße 49a, 2335 Leopoldsdorf
Umschlagbild: Tony Stone
Umschlagkonzept/Gestaltung: Sigrid Egartner, Bettina Schierhuber
© Ökosoziales Forum Österreich, 2002
ISBN: 3-7040-1963-1
Preis: 10,– Euro inklusive 10 % Mehrwertsteuer

Vertrieb: Ökosoziales Forum Österreich,
A-1010 Wien, Franz Josefs-Kai 13,
Telefon: ++43/1/533 07 97-0, Fax: ++43/1/533 07 97-90,
E-Mail: info@oesfo.at, Internet: www.oesfo.at

Inhaltsübersicht

Vorwort

Österreich hat unter allen Industrieländern die einzigartige Chance zu demonstrieren, dass es innerhalb eines Vierteljahrhunderts möglich ist, den Beitrag der erneuerbaren Energieträger von derzeit 25 auf 50 Prozent des Energieaufkommens anzuheben und dann, im weiteren Verlauf dieses Jahrhunderts, zur Gänze auf solare Energieformen umzusteigen. Dieser Umbau des Energiesystems ist die logische Antwort auf die zunehmenden Naturkatastrophen. Mit der Realisierung dieser Chance könnte Österreich der Welt zeigen, dass der rechtzeitige Aufbau der solaren Energiewirtschaft neue industriepolitische Perspektiven eröffnet und gleichzeitig für die Bevölkerung, für die Umwelt, für die Friedenssicherung und für das Wohlergehen unserer Kinder weitreichende positive Auswirkungen hat. Darüber hinaus würde die solare Energiewirtschaft soziale Härten, ausgelöst durch Energiekrisen, verhindern.

Wir sollten uns ernsthaft darüber Gedanken machen, wie wir diese Chance nutzen. Dazu ist es notwendig, eine klare Vision für die Gestaltung unseres Energiesystems in der zweiten Hälfte dieses Jahrhunderts zu entwickeln und, davon ausgehend, den Weg zu diesem Ziel zu beschreiben und dann auch zu gehen. Dazu will die vorliegende Schrift einige Anregungen beisteuern.

Heinrich G. Kopetz
Töllerberg, 2002

Einleitung

Das 21. Jahrhundert hat gerade erst begonnen. Da mag es vermessen klingen, diesem Jahrhundert schon jetzt eine dominierende Thematik zuzuordnen. Wenn dies trotzdem geschieht, so muss es dafür triftige Gründe geben. Diese gibt es tatsächlich. Sie liegen in der Notwendigkeit, das bestehende Energiesystem umzubauen.

Kohle, Öl und Gas waren die bestimmenden Energieträger des 20. Jahrhunderts. In den letzten Jahrzehnten kam in einigen Ländern die Nuklearenergie hinzu. Bis Ende des 21. Jahrhunderts werden diese Energieträger ihre tragende Rolle verloren haben. Neue Energieformen werden an ihre Stelle treten, Energieformen, die die Sonnenkraft nützen. Diese solaren Energieformen werden auch erneuerbare oder regenerative Energieträger genannt.

In unserem Energiesystem gibt es zwei verschiedene Typen von Energieträgern: nicht erneuerbare, die auf unserer Erde nur in einer begrenzten Menge vorhanden sind und deren Abbau früher oder später zur Neige gehen wird. Zu diesen Energieträgern zählen Kohle, Erdöl, Erdgas und Uran, die derzeit noch mehr als 90 Prozent des Energiebedarfs der westlichen Welt decken.

Im Gegensatz dazu stehen die erneuerbaren Energieträger, die sich zum überwiegenden Teil von der Sonne ableiten und die daher so lange zur Verfügung stehen, solange die Sonne scheint, ja unsere Erde besteht. Dies kann nach heutigem Stand der Wissenschaft noch Milliarden Jahre dauern, während die fossilen Energieträger je nach Intensität der Fördertätigkeit und Art des Energieträgers nur mehr einige Jahrzehnte oder, im Fall der Kohle, Jahrhunderte bereitstehen.

Nicht alle erneuerbaren Energieträger leiten sich von der Sonne ab. Auch Erdwärme zählt zu den erneuerbaren Energieträgern, ebenso wie die Umgebungswärme. Erdwärme kann in einigen Gebieten einen nennenswerten Beitrag zur Wärme- und Stromversorgung leisten. Die Umgebungswärme leitet sich von der Sonne oder von der Erdwärme ab und kann, durch Wärmepumpen genutzt, zur Wärmeversorgung beitragen. Die Nutzung der Gezeitenenergie dagegen spielt nur eine bescheidene Rolle, Meeres- und Wellenenergie sind im Entwicklungsstadium.

Die mit Abstand größte Bedeutung haben weltweit jedoch die solaren Energieformen. In der Reihenfolge ihrer derzeitigen Wichtigkeit sind das: Biomasse, Wasserkraft, Wind, Solarkollektoren, Photovoltaik sowie Solarkraftwerke und die passive Nutzung der Sonneneinstrahlung durch Solararchitektur. Gemäß ihrer Bedeutung und ihres Entwicklungspotenzials konzentrieren sich die weiteren Ausführungen auf diese solaren Energieformen als die eigentliche Alternative zu den fossilen Energieträgern.

Es gibt zwei wesentliche Gründe, die für die schrittweise Ablöse der fossilen Energieträger in diesem Jahrhundert sprechen. Der eine Grund ergibt sich aus der Begrenztheit der Ressourcen, darüber wird im Abschnitt 3 noch näher berichtet.

Der zweite Grund liegt in den ökologischen Auswirkungen des fossilen Energiesystems. Diese lassen sich unter Zuhilfenahme einiger Grundkenntnisse aus Chemie und Physik einfach erklären:

Das Atomgewicht von Kohlenstoff ist zwölfmal, von Sauerstoff 16-mal so groß wie von Wasserstoff, dem leichtesten Atom. Daraus folgt, dass bei der Verbrennung von einem Kilogramm Kohlenstoff 3,67 Kilogramm CO_2 (Kohlendioxid) entstehen. Kohle, Erdöl und Erdgas bestehen überwiegend aus Kohlenstoff. Aus ihrer Zusammensetzung ergibt sich, dass bei der Verbrennung von einem Liter Erdöl 2,7 und bei der Verbrennung von einem Kubikmeter Erdgas 1,9 Kilogramm Kohlendioxid frei werden (siehe auch Anhang I, Tabelle 9).

Die Nutzung der fossilen Energieträger bedingt daher, dass jährlich riesige Mengen Kohlenstoff aus der Erdrinde entnommen und durch die Verbrennung als gasförmiger Müll in der Atmosphäre deponiert werden. Das CO_2-Molekül hat jedoch eine besondere physikalische Eigenschaft: Es lässt die kurzwellige Strahlungsenergie der Sonne ungehindert auf die Erde einfallen, während es die Wärmeabgabe in das Weltall behindert. So wird die Atmosphäre durch den steigenden Kohlendioxidgehalt zum Treibhaus. Es kommt zu einem Energiestau, die Lufttemperatur steigt, die Oberflächentemperatur der Ozeane steigt.

Dies wiederum hat vielfältige Auswirkungen auf das Klimageschehen. Auf ein Beispiel sei näher verwiesen: Bei höherer Temperatur verdunstet mehr Wasser, es bilden sich intensive Regenwolken. Dadurch kommt es weltweit zu mehr Niederschlägen. Ein Großteil dieser Niederschläge fällt auf die Ozeane und wird nicht weiter registriert. Doch wenn durch bestimmte Wetterströmungen besonders intensive Regenwolken über das Festland treiben, kommt es zu Starkniederschlägen mit 200 bis 300 Millimeter Wassermenge in wenigen Tagen. Solchen Wassermengen sind die herkömmlichen Hochwasserschutzmaßnahmen nicht gewachsen. Flutkatastrophen wie 2001 in China oder 2002 in Mitteleuropa sind die Folgen.

Andererseits kann die Erwärmung der Atmosphäre auch zur Ausbildung besonders stabiler Hochdruckgebiete führen, die dann Trockenperioden und Dürrekatastrophen bedingen. Die großen Druckunterschiede wieder, die durch die unterschiedliche Erwärmung entstehen, bedingen Stürme mit riesiger Schadenswirkung.

Diese Zusammenhänge machen klar: Nicht nur die kommende Verknappung der Energieträger, sondern auch die ökologischen Folgen ihrer Verwendung erfordern den allmählichen Verzicht auf fossile Energieträger. Wie das Energiesystem der Zukunft aussehen wird, wie wir dorthin kommen und was sich für den Einzelnen ändern wird, darüber informieren die nächsten Seiten. Zur Veranschaulichung wird ein Energieszenario für Österreich für dieses Jahrhundert entwickelt. Diese Vorausschau soll die Zuversicht stärken, dass in Zukunft ein angenehmes Leben mit allem Komfort auch ohne fossile Energieträger möglich sein wird.

1
Geschichte und Zukunft der Energieversorgung

Die Art der Energieversorgung hatte in der menschlichen Geschichte einen bestimmenden Einfluss auf die wirtschaftliche und politische Entwicklung sowie die praktische Gestaltung der täglichen Arbeits- und Lebensabläufe. In den zurückliegenden 5 000 Jahren entwickelten sich auf unserer Erde zahlreiche Hochkulturen, die auf dem Gebiet der darstellenden Kunst, der Architektur, Literatur, Philosophie und des wirtschaftlichen und politischen Lebens großartige Leistungen hervorbrachten. Alle diese Kulturen – ob wir nun an die kulturelle Entwicklung in China, an die Hochkulturen in Mittel- und Südamerika, an jene rund um das Mittelmeer oder in Europa im Mittelalter und in der Renaissance denken – bedienten sich ausschließlich der solaren Energieformen. Sie bildeten die erste solare Zivilisation (5).

Bis zu Beginn des 19. Jahrhunderts war Biomasse mit Abstand die wichtigste Energieform. Sie war in der Form von Holz Grundlage der Wärmeversorgung, lieferte Hitze für das Kochen und diente in Form von Holzkohle als Energiebasis für diverse industrielle Prozesse. Auch das Verkehrswesen auf dem Lande wurde in indirekter Weise durch Biomasse angetrieben. Pferde sowie andere Zug- und Lasttiere waren Basis des Personen-und Güterverkehrs. Die Landwirtschaft lieferte das Futter für die Tiere und stellte auf diese Weise einen nennenswerten Teil der verfügbaren Agrarflächen in den Dienst der Energieversorgung.

In der Schifffahrt spielte seit Jahrtausenden der Wind als treibende Kraft der Segelboote eine wichtige Rolle. Windmühlen und Windräder dienten seit jeher der Gewinnung mechanischer Energie auf dem Lande, sei es zum Mahlen des Getreides oder zum Pumpen von Wasser, um nur einige Beispiele zu nennen. Ebenso half die Kleinwasserkraft lange vor der Erfindung der Elektrizität den Menschen bei der Erledigung verschiedenster Arbeiten.

Die Ära der fossilen Energie und ihr herannahendes Ende

Diese solaren Formen der Energieversorgung, die den überwiegenden Teil der menschlichen Geschichte prägten, wurden als Folge der Erfindungen und Entdeckungen zu Ende des 18. und zu Beginn des 19. Jahrhunderts langsam und allmählich durch die fossilen Energiequellen ersetzt, zuerst durch Kohle, im 20. Jahrhundert schrittweise durch Erdöl, das auch heute noch der wichtigste Energieträger ist, in den letzten 15 Jahren zunehmend durch Erdgas. Der entscheidende Anstoß zum Aufbau dieses neuen Energiesystems, das uns heute so viele Annehmlichkeiten des täglichen Lebens bietet, leitet sich von der Erfindung der Dampfmaschine durch James Watt im Jahre 1776 ab. Durch die Dampfmaschine wurde es möglich, die chemisch gebundene Energie der Kohle in mechanische Energie umzuwandeln. Dies schuf ungeheure neue Möglichkeiten. Die Energie der Kohle konnte genutzt werden, um den Abbau der Kohle zu vervielfachen. Vorher war die menschliche und tierische Arbeitsleistung begrenzender Faktor für den Kohleabbau. Dank der Dampfmaschine wurde die Kohle zur Antriebskraft schlechthin für den Aufbau der Industriegesellschaft und eines neuen Transportwesens auf Basis der Eisenbahn. In späterer Folge wirkten die Erfindung des Verbrennungsmotors sowie die Entdeckung der Elektrizität und der Bau der Elektromotoren in die gleiche Richtung.

Mittlerweile wird die industrielle Welt von fossilen und nuklearen Energieträgern „angetrieben". Die heute lebenden Generationen sind in einer Zeit ständig steigenden Energieverbrauchs aufgewachsen, in der es selbstverständlich war, dass die steigende Nachfrage nach Energie immer gedeckt werden konnte.

Der wachsende Stromverbrauch wurde durch den rechtzeitigen Bau neuer Kraftwerke befriedigt, der größer werdende Verbrauch an Treib- und Brennstoffen durch die rasche Erschließung neuer Öl- und Gasfelder auf der ganzen Welt. Vorübergehende Versorgungsengpässe wie Mitte der 70er- oder Anfang der 80er-Jahre waren politisch bedingt und konnten erfolgreich überwunden werden. Die gut funktionierende Energieversorgung der letzten 20 Jahre bestärkt die Öffentlichkeit in der Meinung, dass der steigende Bedarf an Energie auch in Zukunft so wie bisher gedeckt werden kann.

Die fossile Energieversorgung hat in den letzten Jahrzehnten in der industrialisierten westlichen Welt zu einem Wirtschafts- und Lebensstil geführt, der im Vergleich zu früheren Kulturen durch einen gigantischen Energieverbrauch geprägt ist. Die ungezählten Annehmlichkeiten dieses Lebensstils – die individuelle Mobilität, die Reisemöglichkeit in alle Winkel der Erde, der weitgehende Ersatz der schweren körperlichen Arbeit durch Maschinen und Automaten, die angenehme Heizung und Kühlung von Wohnräumen, die Verfügbarkeit über ein ständig größer werdendes Güter- und Leistungsvolumen – will heute niemand missen; nicht nur in Europa und den USA, sondern auf der ganzen Welt. Auch immer mehr Menschen in Asien, Afrika und Lateinamerika streben nach einem ähnlichen Lebensstil und damit einem ähnlich hohen Energieverbrauch. So erwartet beispielsweise die weltweit tätige Autoindustrie, dass der jährliche Autoverkauf in China von derzeit etwa einer Million Einheiten bis zum Jahre 2010 auf 2,5 bis fünf Millionen Einheiten pro Jahr ansteigen wird. Warum auch nicht?

Stellt man diese Entwicklungsmuster – wachsende Weltbevölkerung, zunehmender individueller Energieverbrauch in vielen Schwellenländern, aber auch in vielen Gebieten Europas und Nordamerikas – den verfügbaren Vorräten an Öl und Gas gegenüber, so wird eines klar: Dieses Entwicklungsmuster wird im 21. Jahrhundert an seine Grenzen stoßen. Die Vorräte an Erdöl und Gas, die unsere Erde noch birgt, reichen nicht aus, um den steigenden Energiebedarf der Welt in den nächsten hundert Jahren problemlos zu decken. Gemessen an den Jahrtausenden der Geschichte der menschlichen Kultur, in denen sich die Menschheit der solaren Energieformen bediente, werden das 19. und 20. Jahrhundert als jene Epoche in die Geschichte eingehen, in der die Nutzung der fossilen Energieträger einen für unsere Vorfahren noch unvorstellbaren Entwicklungssprung für Wirtschaft und Technik gebracht hat. Die zentrale Aufgabe des 21. Jahrhunderts wird es sein, die schrittweise Ablöse der fossilen Energieträger durch neue Energieformen zu meistern.

An dieser Stelle ist es für unsere Überlegungen nicht entscheidend, ob die Welt in fünf, in 25 oder in 50 Jahren an die Grenzen der Verfügbarkeit billiger fossiler Energieträger stoßen wird.

Entscheidend sind folgende drei Feststellungen:

1. Verknappung: Die Vorräte der Welt an Erdöl und Erdgas reichen für dieses Jahrhundert nicht aus, um den steigenden Energieverbrauch der wachsenden Weltbevölkerung zu nach wie vor niederen Preisen zu decken.

2. Jahrzehnte der Umstellung: Die ausreichende Versorgung mit preiswerter Energie ist schlechtweg die Grundlage unseres wirtschaftlichen Wachstums und unseres modernen Lebensstils. Der allmähliche Entzug dieser Grundlage durch heraufkommende Knappheiten an Erdöl und Erdgas im Laufe der nächsten 100 Jahre wird zu einer tiefgreifenden und grundlegenden Veränderung im gesamten komplexen System der Energieversorgung führen.

3. Friedensstrategie oder Katastrophenszenario: Unabhängig von der aktuellen Frage, wann diese Änderungen eintreten werden, zeichnen sich zwei Entwicklungsmuster für diese Umstellung ab, die der Verfasser als Katastrophenszenario und im Gegensatz dazu als Friedensstrategie bezeichnet.

Gemäß dem Katastrophenszenario würde die industrialisierte Welt noch möglichst lange billige fossile Energiequellen nutzen, ohne sich auf eine Umstellung vorzubereiten und dann erst durch Katastrophen verschiedenster Art – seien es kriegerische Auseinandersetzungen, extreme Verknappungserscheinungen, wirtschaftliche Zusammenbrüche, Naturkatastrophen – gezwungen werden, den Pfad der fossilen Energiewirtschaft zu verlassen.

Das Friedensszenario sieht vor, dass die Notwendigkeit der Veränderung, vor der wir stehen, rechtzeitig erkannt und schon zu Beginn des 21. Jahrhunderts ein planmäßiger, über Jahrzehnte währender Ausstieg aus der fossilen Energiewirtschaft eingeleitet wird, an dessen Ende eine nachhaltige, auf solaren Energieformen basierende Energiewirtschaft steht. Durch die rechtzeitige und planmäßige Umstellung werden Katastrophen politischer, wirtschaftlicher oder ökologischer Art weitgehend vermieden und ein friedlicher Übergang sichergestellt.

Mit der schwindenden Verfügbarkeit von billigem Erdöl und Erdgas wird das Ende einer 200-jährigen Entwicklung des Energiesystems beginnen. Das fossile Zeitalter, in dem Kohle, Öl und Gas den Antrieb der weltweiten Wirtschaft sicherten, wird schrittweise durch neue Energieformen abgelöst. Die Umstellung auf ein neues Energiesystem wird eine Jahrhundertaufgabe sein. Im Energiesystem ist eine riesige Menge an Kapital gebunden. Das System „Energiewirtschaft" umfasst ja nicht nur einige Kraftwerke und Raffinerien, sondern alle Anlagen, in denen wir Energie umwandeln – Autos, Industrieanlagen, Häuser und Wohnungen mit ihren Heizsystemen, Elektrogeräte, Beleuchtungseinrichtungen, die Warmwasserbereitung, die Landwirtschaft, kurzum alle Bereiche des täglichen Lebens. Ein beachtlicher Teil der Anlagen, die aus fossiler Primärenergie Strom, Wärme und Treibstoffe produzieren, ein Teil der Geräte, Maschinen und Einrichtungen, die diese Nutzenergie in Energiedienstleistungen wie warme Räume, Mobilität, Kraft, Licht und Kommunikation umwandeln, wird durch neue Systeme zu ersetzen sein. Die Ablöse dieser Anlagen kann nur allmählich und schrittweise erfolgen. Doch sie ist unerlässlich, weil die Vorräte zur Neige gehen und die negativen Auswirkungen der Erderwärmung immer deutlicher werden.

Die neuen Energieformen

Welche neuen Formen der Energieversorgung werden die fossilen Energieträger ablösen? Welche Energieformen werden zu Ende dieses Jahrhunderts dominieren?

Hinsichtlich der künftigen Form der Energieversorgung gibt es sehr unterschiedliche Vorstellungen. Manche denken an neue Energieformen, die es noch nicht gibt, die jedoch die Menschheit noch rechtzeitig erfinden wird, bevor die Verknappung der fossilen Energieträger unseren Wohlstand beeinträchtigen kann. Dieser manchmal geradezu naive Optimismus ist jedoch unberechtigt. Denn eines lehrt uns die Energiegeschichte der letzten hundert Jahre: Energieformen, die neu entstehen, brauchen Generationen, bis sie einen maßgeblichen Versorgungsanteil erreichen. Dies galt für die Einführung der Kohle, die teilweise Ablöse der Kohle durch Erdöl und in den letzten Jahrzehnten durch Gas. Daraus kann man aber folgern, dass Energieformen, die heute noch nicht bekannt sind, wenig Chance haben, in den nächsten Jahrzehnten einen nennenswerten Beitrag zur Energieversorgung zu leisten.

Diese Frage nach den zukünftigen Energieträgern ist von grundsätzlicher Bedeutung für die Gestaltung der nächsten Jahrzehnte. Diese Tatsache wird oft übersehen. In Diskussionen über mögliche Versorgungsengpässe wird dann oft auf die Kernspaltung oder Kernfusion verwiesen. Doch die Kernfusion bietet sich nicht als Lösung des Problems an. Sie ist heute nicht verfügbar und niemand kann sagen, ob sie jemals imstande sein wird, einen wichtigen Beitrag zur Energieversorgung zu erbringen. Dazu kommt, dass auch die Kernfusion mit einer großen Belastung der Umwelt verbunden wäre. Der Menschheit fehlt außerdem die Zeit, darauf zu warten, dass die Kernfusion in einigen Jahrzehnten vielleicht doch technisch beherrschbar sein wird. Mit einem Wort: Auf diese Option zur künftigen Energiebereitstellung können wir nicht bauen.

Ähnlich ist die klassische Atomenergie, die Kernspaltung, zu beurteilen. Sie mag da und dort wieder eine kleine Renaissance erleben, sie wird jedoch nicht die Lösung für die künftige Energieversorgung liefern, denn sie beruht letztlich genauso auf begrenzten Vorräten wie die fossilen Energieträger, abgesehen von den Umweltrisiken, die sie mit sich bringt. Im historischen Sinne betrachtet, bietet die Kernenergie jedenfalls nicht die Antwort auf die Grundfrage, welche Energieformen die fossilen Energieträger auf Dauer ablösen werden.

Wieder andere sehen im Wasserstoff und in der Brennstoffzelle die Lösung des künftigen Energieproblems. Doch hier handelt es sich um eine Verwechslung zwischen Energieträger und Energiequelle. Es ist durchaus anzunehmen, dass Wasserstoff im Energiesystem des 21. Jahrhunderts eine bedeutende Rolle einnehmen wird, jedoch nicht als Energiequelle, sondern als Energieträger. Denn zur Herstellung von Wasserstoff ist zunächst einmal Energie notwendig. Erst wenn es gelingt, Wasserstoff aus erneuerbaren Energieträgern zu wirtschaftlich vertretbaren Kosten herzustellen und in komfortabler Weise einzusetzen, wird die Anwendung von Wasserstoff im Energiesystem zunehmen. Solange Wasserstoff aus fossilen Energiequellen erzeugt wird – das ist derzeit bei verschiedenen Pilotprojekten der Fall –, bietet sich die Wasserstofftechnik nicht als Weg zur Ablöse fossiler Energieträger an.

Man könnte an dieser Stelle die Suche nach neuen Energiequellen beliebig fortsetzen. Doch das würde am Ergebnis nichts ändern. Die einzigen Energiequellen, die heute schon bekannt sind, die ein – gemessen an menschlichen Bedürfnissen – unbegrenztes Potenzial haben und auf

Dauer zur Verfügung stehen, sind die solaren Energieformen – ergänzt durch Geothermie und Umgebungswärme.

Nach der fossilen Energiewirtschaft, die in der menschlichen Geschichte nur eine Episode darstellt, wird das Zeitalter der solaren Energiewirtschaft kommen. Diese zweite solare Zivilisation wird durch eine dauerhafte und umweltverträgliche Versorgung der Menschheit mit Energie charakterisiert sein. Dieses künftige Energiesystem wird durch einen wesentlich effizienteren und sparsameren Umgang mit Energie gekennzeichnet sein als das gegenwärtige. Die Technologien, die zur Anwendung kommen, sind nicht vergleichbar mit den Technologien der ersten solaren Zivilisation, die vor 200 Jahren existierten.

Anstelle von Windrädern mit einer Leistung von einigen Kilowatt treten Windmaschinen mit einer Leistung von mehreren Megawatt. Statt einer unvollständigen, umweltschädlichen und ineffizienten Verbrennung von Biomasse in offenen Feuern kommen optimal gesteuerte, automatische Verbrennungskessel zum Einsatz, die höchsten Wirkungsgrad mit minimalen Schadstoffemissionen verbinden. Die gesamte technologische Entwicklung der letzten 200 Jahre wird genutzt werden, um diesen Umstieg auf die solare Energiewirtschaft so zu gestalten, dass Wirtschaft und Lebensstandard darunter nicht leiden, sondern von diesem Technologieschub profitieren. Es liegt klar auf der Hand, dass sich eine neue langfristige konjunkturelle Welle ankündigt, die von den Technologien zur Nutzung der Sonnenenergie getragen wird.

Die Verschiebung des Paradigmas weg von der fossilen Energiewirtschaft hin zu den solaren Energieträgern hat schon begonnen. Jene Länder, die diesen Paradigmenwechsel frühzeitig erkennen und konsequent in die praktische Politik umsetzen, sind die Schrittmacher der neuen Energieversorgung. Sie werden von den Wirtschaftsturbulenzen, die mit diesem Umstieg einhergehen, am wenigsten betroffen sein. Im Gegenteil: Sie werden gewinnen, weil sie dann jene Technologien, die sie als echte Pioniere jetzt entwickeln, und die Erfahrungen, die frühzeitig gemacht werden, weltweit zur Lösung der Energieprobleme verkaufen werden.

Doch die Endlichkeit der Ressourcen ist bei weitem nicht das einzige Argument, das für einen Aufbau der solaren Energiewirtschaft spricht. Es gibt eine Reihe weiterer Argumente, die für die Ablöse der fossilen Energieträger sprechen. Sie ergeben sich aus Problemen, die das aktuelle Energiesystem verursacht.

2
Primäre und sekundäre Probleme des Energiesystems

Leben ist Entwicklung. Jede Entwicklung führt ständig zu neuen Fragestellungen und zu neuen Problemen. Bei der Auseinandersetzung mit einem Problem kann man sich zunächst auf die Symptome konzentrieren oder versuchen, gleich eine Lösung zu finden, die an der Wurzel, am Kern des Problems ansetzt.

Die Medizin liefert uns täglich zahlreiche Beispiele, die zeigen, dass das Kurieren an Symptomen nicht wirklich zur Lösung eines Leidens führt. Wer keine Bewegung macht, fettreich isst, viel Alkohol, Nikotin und Zucker konsumiert und übergewichtig ist, wird früher oder später Probleme mit seinem Kreislauf bekommen, weil die Leitungsfähigkeit der Blutgefäße immer geringer wird und das Herz seiner Aufgabe immer schwerer nachkommt. Eine Erweiterung der Blutgefäße durch Dehnen oder Einsetzen von Bypassen bringt Erleichterungen. Doch dies ist letztlich nur ein Kurieren an Symptomen. Die eigentliche Lösung des Problems liegt in einer echten Änderung des Lebensstils, die dazu führt, dass die Beschwerden des Kreislaufsystems erst gar nicht auftreten.

Wenn man verschiedene weltweite Fehlentwicklungen analysiert und über ihre Lösung nachdenkt, so kommt man früher oder später zur Erkenntnis, dass eine Reihe schwerwiegender Probleme mittelbar oder unmittelbar mit der Form des globalen Energiesystems zusammenhängt. Dieses vernetzte Denken ist nicht immer die Regel. Deswegen wird oft nicht erkannt, dass das bestehende fossile Energiesystem der eigentliche Grund für viele Sekundärprobleme ist, um deren Lösung derzeit national und international mit großem Aufwand gerungen wird. Doch solange wir nur an Symptomen kurieren und nicht auf den Kern des Problems zugehen, werden die Lösungsansätze nur Stückwerk bleiben. Diese These lässt sich mit einer Reihe von Beispielen der jüngeren Geschichte untermauern.

Saurer Regen und fossile Energiewirtschaft

In den 80er-Jahren des 20. Jahrhunderts war der Saure Regen die Umweltbedrohung schlechthin. Exkursionen in besonders betroffene

Gebiete – etwa in das Erzgebirge in Nordböhmen – führten bei allen Besuchern zu großer Betroffenheit. Der Anblick hunderter Hektar großer, zusammengebrochener Wälder voller Baumruinen ließ die bange Frage entstehen, ob Saurer Regen zum Ende der Forstwirtschaft in Mitteleuropa führen würde. Eine genaue Auseinandersetzung mit diesem Phänomen führte rasch zu dem Ergebnis, dass die kalorischen Kraftwerke, die große Mengen fossiler Brennstoffe mit hohem Schwefelgehalt verfeuerten, in den meisten Gebieten Hauptverursacher des Sauren Regens waren. Es wurde klar, dass eine drastische Reduktion der Schwefelemissionen zu einem starken Rückgang des Sauren Regens und damit auch der Waldschäden führen würde. Die sekundäre Ursache des Waldsterbens waren die hohen SO_2-Emissionen. Primäre Ursache des Waldsterbens war die fossile Energiewirtschaft. Hätte man das Problem an der Wurzel lösen wollen, so hätte man den Einsatz fossiler Brennstoffe – seien es nun Kohle oder Öl – beenden müssen. Doch so weit war das Denken in den 80er-Jahren des vorigen Jahrhunderts noch nicht gediehen. Statt auf die kalorischen Kraftwerke zu verzichten und neue Energieformen einzusetzen, versuchte man das Schwefeldioxid aus den Rauchgasen zu entfernen, um den Sauren Regen zu verhindern. Diese Investitionen haben viel Geld gekostet. Sie waren letztlich erfolgreich und haben heute die Bedrohung der Wälder durch saure Niederschläge wesentlich reduziert. Dieses Beispiel zeigt, dass es Phänomene gibt, die, isoliert gesehen, gelöst werden können, ohne zu beachten, dass ihr Auftreten eine Folge der fossilen Energiewirtschaft ist und eine Befassung mit diesem Sekundärproblem gar nicht notwendig wäre, wenn die fossilen Energieträger in der Erde blieben.

Megastädte und Landflucht

Ein ganz anderes Beispiel liefert die Entwicklung der weltweiten Siedlungsstruktur mit der Tendenz zu Megastädten bei gleichzeitiger Entsiedelung des ländlichen Raumes. Diese Entwicklung ist vor allem in den Schwellenländern der Dritten Welt besonders deutlich.

Natürlich gibt es vielfältige Gründe für diese Emigration der Menschen in städtische Agglomerationen. Die Entwicklung hängt jedoch auch mit dem fossilen Energiesystem zusammen. Die Nutzung fossiler Energieträger hat der Landwirtschaft weltweit den Markt für die energetische

Versorgung des Transportwesens, den Markt für die Versorgung der Zug- und Tragtiere genommen. Flächen, die früher zur Erzeugung des Futters für die Zugtiere dienten, werden heute in der westlichen Welt zur Nahrungsmittelproduktion verwendet. Diese zusätzlichen Flächen verstärken ebenso wie der technische Fortschritt die Tendenz zur agrarischen Überproduktion.

Dieses Überangebot führt zu Preiseinbußen in der Landwirtschaft, zur Marginalisierung der Landwirtschaft vor allem in jenen Gebieten, in denen die Staaten nicht die Möglichkeit oder den politischen Willen haben, die Landwirtschaft durch ausreichende Förderungen zu kompensieren und damit die Landflucht zu bremsen. Solange die Energieversorgung überwiegend fossil geprägt ist und die Industrieländer als große Agrarexporteure auftreten, ist die gezielte Entwicklung der landwirtschaftlichen Ressourcen in vielen Teilen der Welt nicht erforderlich. Dies führt gleichzeitig dazu, dass Landflucht und die Zunahme der Agglomerationen gleichsam als naturgegeben hingenommen werden. Dabei wird übersehen, dass es dadurch zu einer bedrohlichen Abhängigkeit dieser Riesengebilde von den bestehenden Energiesystemen kommt. Die Entstehung der Slums und die zunehmende Landflucht werden zwar durch verschiedenste Initiativen bekämpft. Doch diese Aktivitäten wirken nur wie ein Tropfen auf dem heißen Stein, solange der tiefer liegende Grund dieser wirtschaftlichen und sozialen Fehlentwicklung, der Aufbau städtischer Riesenstrukturen auf Basis billiger fossiler Energieträger, weiterwirkt.

Kriegsgefahr und Energiesystem

Ein anderes Beispiel für sekundäre Probleme des fossilen Energiesystems ist die latente Kriegsgefahr, die wegen des Streites um Erdölvorräte gegeben ist. Der Zusammenhang liegt hier besonders klar auf der Hand. Zu Beginn dieses Jahrhunderts werden sich die Entscheidungsträger jener Länder, die von steigenden Importen fossiler Energie abhängen, zunehmend bewusst, dass die gedeihliche wirtschaftliche Entwicklung ihrer Länder gefährdet ist, wenn es zu einer Unterbrechung der Energieimporte kommt.

Im Sinne des Paradigmas des 20. Jahrhunderts ist die Bereitstellung unbegrenzter Mengen fossiler Energie zu niederen Preisen Grundlage der wirtschaftlichen Entwicklung. Wenn diese Grundlage im eigenen Land nicht mehr vorhanden ist, so muss sie dadurch geschaffen werden, dass der Import fossiler Energie aus Ländern mit großen Öllagerstätten gesichert wird. Dies erfolgt durch den Aufbau entsprechender Militärkapazitäten und die Bereitschaft, Länder zu überfallen, die dank ihrer Erdölvorräte für einige Jahre billige Rohstoffe bereitstellen können.

Die Unterbrechung der Erdölversorgung wäre für Länder, die stark von Importen abhängen, tatsächlich eine enorme Bedrohung ihrer wirtschaftlichen Stabilität. Die Lösung dieses Problems an der Wurzel bestünde darin, das Energiesystem so zu verändern, dass die Abhängigkeit von Erdölimporten zurückgeht. Durch die sinkende Nachfrage würde der Wert dieser Erdölfelder abnehmen und die Kriegsgefahr verringert werden. Die Lösung dieses Problems an der Wurzel würde allerdings eine tief greifende Umstellung des Energiesystems im jeweiligen Land erfordern. Um sich diese Umstellung zu ersparen und die Illusion unbegrenzter billiger Energieversorgung noch für einige Jahre aufrecht zu erhalten, konzentrieren sich manche Länder auf die Lösung der Sekundärprobleme, nämlich der militärischen Sicherung der Erdölfelder. Damit wird Zeit gewonnen. Aber auch die noch so große Militärpräsenz im Persischen Golf, am Kaspischen Meer oder in Venezuela wird nichts an der Endlichkeit der Erdölfelder ändern. Die Bereitstellung billigen Erdöls lässt sich dadurch vielleicht um einige Jahre oder bestenfalls Jahrzehnte verlängern. Würden diese Staaten die gesamte finanzielle Kraft, die sie in die militärische Sicherung der Energieversorgung stecken, für den raschen Ausbau der solaren Energiewirtschaft einsetzen, so würden sie nicht nur wirtschaftlich gewinnen, sondern auch die weltweite Kriegsgefahr dramatisch verringern.

Wenn man sich die Mühe macht, die geschätzten Vorräte im Gebiet um das Kaspische Meer den Verbrauchszahlen der westlichen Welt gegenüberzustellen, so sieht man, dass der rasche Abbau der dortigen Erdölfelder höchstens dazu beitragen wird, die Versorgung der Welt mit billigem Erdöl um fünf bis zehn Jahre zu verlängern. Für die Erdölvorräte am Persischen Golf mag dieser Zeitraum etwas länger sein.

Muss man sich angesichts dieser Faktenlage nicht fragen, wie es möglich ist, dass eine aufgeklärte Welt, die von Vernunft und Einsicht geleitet wird, keinen militärischen und finanziellen Aufwand scheut, um diese Jahre noch zu gewinnen, während gleichzeitig keine vergleichbaren

Anstrengungen unternommen werden, um eine reibungslose Energie-versorgung auch nach diesen zusätzlichen zehn oder 25 Jahren noch zu garantieren. Das Spiel mit der militärischen Gewalt zur Sicherung der letzten großen Erdölfelder auf der Welt ist geradezu ein klassisches Beispiel, wie durch die Konzentration auf Sekundärprobleme des Energie-systems Zeit und Geld vergeudet werden, ohne eine langfristige Lösung des Energieproblems zu erreichen.

Erderwärmung, Kyoto-Mechanismen und fossiles Energiesystem

Ein noch schwerwiegenderes Beispiel für die Verwechslung von Ursa-che und Wirkung, für die Befassung mit Sekundärproblemen statt mit dem Primärproblem, ist die derzeitige Auseinandersetzung um den Kyoto-Vertrag. Um nicht missverstanden zu werden: Die Ratifizierung des Kyoto-Vertrages und seine schrittweise Umsetzung sind äußerst positiv und wertvoll.

Im Zuge der Umsetzung dieses Vertrages kann beobachtet werden, dass der Kyoto-Prozess eine beachtliche Eigendynamik entwickelt, die sich weitgehend von den Fragen des Energiesystems des jeweiligen Lan-des abkoppelt. Ein Grund dafür ist die manchmal sehr einseitige Analyse internationaler Ökonomen, die den Zusammenhang zwischen Energie-system und Treibhausgasemissionen aus den Augen verlieren. Sie redu-zieren die Klimadiskussion auf die Verringerung der Emissionen an Koh-lendioxid und anderen Treibhausgasen und versuchen diese Aufgabe mit Hilfe der Grenznutzentheorie zu lösen. Diese einseitige Analyse führt zu den so genannten flexiblen Mechanismen, die verschiedene Maßnahmen umfassen. Diese Maßnahmen werden im englischen Fachjargon als „joint implementation" und „clean development mechanism" bezeichnet. Sie laufen darauf hinaus, dass Staaten außerhalb ihres Staatsgebietes Maß-nahmen zur CO_2-Reduktion mit der Begründung finanzieren, dass Maß-nahmen zur CO_2-Vermeidung im eigenen Land teurer kämen als in Part-nerländern und daher Investitionen in Partnerländern zur CO_2-Vermei-dung ökonomisch günstiger seien als im eigenen Land. Darüber hinaus haben diese Staaten die Möglichkeit, auf diese Weise CO_2-Gutschriften für das eigene Land zu erwerben. Im Extremfall könnte dieses Konzept dazu führen, dass ein Land weiter seinen Verbrauch an fossiler Energie erhöht und seine Minderungsverpflichtungen im CO_2-Ausstoß durch Aktivitäten in anderen Ländern und den Zukauf von CO_2-Gutschriften erfüllt.

Positiv an diesen Vorschlägen ist die Finanzierung von Investitionen zur Vermeidung von CO_2-Investitionen in Partnerländern im Sinne einer Kooperation zwischen Staaten. Negativ ist der Effekt, dass dadurch die Anstrengungen zur Reduktion der Treibhausgasemissionen im eigenen Land abnehmen und übersehen wird, dass der Handel von CO_2-Zertifikaten bestenfalls zur Lösung eines Sekundärproblems beiträgt – Einhaltung des Kyoto-Vertrages –, aber nicht zur Lösung des Primärproblems, der Umstellung des Energiesystems im eigenen Land.

Wenn ein Land seine Treibhausgasemissionen reduziert, in dem es im eigenen Land die solare Energiewirtschaft ausbaut, so hat es den doppelten Vorteil, dass es nicht nur den Kyoto-Vertrag einhält, sondern sich auch für künftige Energiekrisen wappnet.

Ein anderes Land dagegen, das auf die diversen Kyoto-Mechanismen setzt und die Umwandlung des eigenen Energiesystems hinausschiebt, wird bei einer Energiekrise voll getroffen werden. Dann werden die Verantwortungsträger auf keine inzwischen aufgebaute solare Energiestruktur verweisen können, die krisenunabhängig macht, sondern nur auf Ordner voller CO_2-Gutschriften, die jährlich neu um viel Geld zu kaufen sind und die sich in einer Energiekrise tatsächlich nur als heiße Luft entpuppen.

Daraus folgt aber, dass eine erfolgreiche Strategie gegen die Erderwärmung beim Energiesystem ansetzen muss und nicht bei den Kyoto-Mechanismen. Die Konzentration der Aufmerksamkeit auf Sekundärfragen wie Emissionshandel und CO_2-Gutschriften erklärt sich zum Teil aus der Tatsache, dass in den meisten Ländern der Europäischen Union die Umweltverantwortlichen aufgerufen sind, die Einhaltung der Kyoto-Verträge zu sichern, während die eigentliche Verantwortung dort liegt, wo die Zuständigkeiten für die Energiewirtschaft sind.

Aus dieser Analyse folgt daher, dass es sowohl auf europäischer Ebene wie auf nationaler Ebene sinnvoll und logisch wäre, die Kompetenzen zur Einhaltung des Kyoto-Vertrages und die Zuständigkeiten für die Energiewirtschaft zusammenzulegen. Denn nur dann, wenn die energiepolitischen Weichenstellungen zum Aufbau einer solaren Energiewirtschaft gestellt werden, wird es auch möglich sein, die Verpflichtungen aus dem Kyoto-Vertrag zu erfüllen.

Diese wenigen Beispiele machen klar, dass die Hauptursache zahlreicher Fehlentwicklungen auf der Erde in der beinahe süchtigen Abhängigkeit unserer Wirtschaft und Gesellschaft von Öl und Gas liegt. Der Aufbau einer solaren Energiewirtschaft ist daher nicht nur wegen der zu erwartenden Verknappung fossiler Energieträger notwendig, sondern auch um andere, weltweite Fehlentwicklungen zu korrigieren.

3
Die Frage nach dem richtigen Zeitpunkt

Unsere schnelllebige Zeit ist gewöhnt, in Quartals- und Jahresergebnissen zu rechnen. Das Denken in Jahrzehnten oder gar Jahrhunderten ist unüblich. Diese Einstellung erschwert die Auseinandersetzung mit Fragen, die mit der Neuorientierung der Energiewirtschaft verbunden sind.

Dazu kommt ein anderer Aspekt: die Frage nach der Zeitgemäßheit einer bestimmten Politik. Schon im Alten Testament ist die Rede davon, dass jedes Ding seine Zeit hat. Vorhaben, die vielleicht in 20 Jahren richtig sind, können, heute durchgeführt, zu Misserfolg führen. Unternehmen, die ihrer Zeit voraus sind, werden von der Nachwelt vielfach bewundert und belächelt. Bewundert, weil sie zeigen, wieweit Menschen manchmal Entwicklungen voraussehen, die in der Gegenwart für die Allgemeinheit noch kaum zu erkennen sind. Belächelt, weil solche Unternehmen, die nicht in ihre Zeit passen, trotz aller Einsatzfreude oft scheitern.

Wenn es also aus heutiger Sicht unumstößlich erscheint, dass das fossile Energiesystem im 21. Jahrhundert abgelöst werden muss, weil Erdöl und Erdgas nicht unbegrenzt und preiswert verfügbar sind und immer größere Naturkatastrophen drohen, so stellt sich die Frage nach der Zeitperiode, in der dieser Ersatz zu erfolgen hat und nach dem Zeitpunkt, ab dem diese Neuorientierung mit Nachdruck und Zielstrebigkeit zu betreiben ist. Denn auch ein noch so großes Vorhaben wie die Neuorientierung des Energiesystems kann nur dann erfolgreich vollendet werden, wenn es konsequent und zielstrebig begonnen wird.

Ist also am Beginn des 21. Jahrhunderts die Zeit schon reif für den breit angelegten und konsequenten Aufbau der solaren Energiewirtschaft?

Die Beantwortung dieser Frage hängt zunächst von der Einschätzung über die noch verfügbaren preiswerten Mengen an Erdöl und Erdgas ab. Die Meinungen, die zu dieser Frage heute weltweit publiziert werden, gehen weit auseinander.

In Printmedien konnte man im Juni 2002 über einen Bericht der Firma Exxon lesen, wonach auf der Erde Erdöl noch für 250 Jahre vorhanden ist. Diese Aussage wird sicher richtig sein, ist gleichzeitig aber auch irreführend. Richtig deshalb, weil aller Voraussicht nach auch in 500 Jahren noch Erdöl auf der Erde vorhanden sein wird und gar nicht anzunehmen ist, dass der letzte Tropfen Erdöl je aus den Erdölfeldern herausgepumpt wird. Irreführend deswegen, weil es nicht um die Frage geht, wie lange es noch Erdöl geben wird, sondern wie lange noch jährlich eine steigende Menge an Erdöl zu günstigen Preisen produziert werden kann.

Die letzten hundert Jahre waren durch das Phänomen geprägt, dass die Nachfrage nach Erdöl ständig stieg, die Preise des Erdöls trotz gestiegener Nachfrage aber real konstant blieben oder sogar zurückgingen. Dieses Phänomen, das eigentlich im Gegensatz zum klassischen Gesetz von Angebot und Nachfrage steht, wonach eine steigende Nachfrage auch zu steigenden Preisen führt, lässt sich so erklären: Durch ständige Erschließung neuer Erdölfelder sowie technologische Fortschritte in der Erdölgewinnung stieg das Anbot schneller als die Nachfrage, mit dem Ergebnis, dass die Preise real zurückgingen.

Wie lange wird das noch möglich sein, wie lange wird es noch billiges Erdöl geben?

Publikationen, die sich mit dieser Frage befassen, grenzen den Zeitraum schon wesentlich enger ein als Pressemeldungen der Firma Exxon. Die Internationale Energie Agentur, eine Einrichtung, dazu berufen, die Entwicklung der Energieversorgung zu analysieren, spricht in ihrem Jahresbericht 2001 davon, dass noch vor dem Jahre 2020 jener Punkt erreicht sein könnte, an dem die weiter steigende Nachfrage nicht mehr durch die ständige Vergrößerung der Erdölproduktion zu decken sein wird. Bis 2020 wird nämlich die Öllieferung aus vielen der heute besonders leistungsfähigen Erdölfelder deutlich zurückgehen. Die Funde neuer Erdölfelder reichen bei weitem nicht aus, um diesen vorhersehbaren Rückgang zu kompensieren. Der Ersatz des dann fehlenden billigen Erdöls durch die verstärkte Nutzung von Ölsanden und Ölschiefern wird zwar technisch möglich sein, jedoch zu deutlich höheren Produktionskosten – verbunden mit erhöhten Umweltbelastungen (1).

Dazu kommt, dass die Energieagentur in ihrem Szenario 2020 davon ausgeht, dass nicht nur Ölsande und Ölschiefer verstärkt zum Einsatz kommen, sondern auch die Erdölproduktion des Nahen Osten doppelt so hoch sein wird wie zu Anfang dieses Jahrhunderts. Diese Annahme ist nicht sehr plausibel. Denn man muss bezweifeln, ob diese Länder wirklich bereit sein werden, ihre dann schon wesentlich geringeren Vorräte doppelt so schnell abzubauen wie heute, nur um so den Erdölpreis auf einem tiefen Niveau zu halten.

Die Publikationen der LB-Systemtechnik (2) enthalten noch kritischere Informationen. Sie sprechen in ihren Berichten von einer Überschreitung des Produktionsmaximums der Erdöllieferung noch vor dem Jahre 2010 und erwarten, dass noch vor diesem Zeitraum das Preisband für ein Barrel Erdöl, das zurzeit zwischen 20 und 28 Dollar variiert, deutlich in die Höhe gehen wird.

Die besorgniserregendsten Analysen bezüglich der Versorgungssituation liefert Kenneth S. Deffeyes von der Princeton University in seinem Buch „Hubbert's Peak – The Impending World Oil Shortage". Deffeyes legt sich relativ eindeutig fest und erwartet im Zeitraum zwischen 2004 und 2009 das Erreichen des weltweiten Produktionsmaximums und ab diesem Zeitpunkt den steten Rückgang der Erdölproduktion. Er erwartet, dass die Weltwirtschaft wegen der mangelnden Vorbereitung auf dieses Ereignis in eine tiefe Krise stürzen wird (3).

Diesen kritischen Informationen stehen immer wieder optimistische Berichte über neue Erdölfunde und großzügige Investitionen in neue Ölleitungen gegenüber. So wurde Mitte September 2002 ausführlich über den Baubeginn einer neuen 1 750 Kilometer langen Erdölleitung von Baku am Kaspischen Meer über Aserbaidschan und Georgien nach Ceyhan (Türkei) am Mittelmeer berichtet. Diese Pipeline soll in einigen Jahren eine Million Fass Öl pro Tag transportieren, allerdings wird diese Liefermenge nach zehn Jahren wieder zurückgehen, weil die Vorräte im Raum Baku für eine längere Vollauslastung nicht reichen. Vielleicht wird es dann gelingen, Vorräte in Kasachstan anzuzapfen, wenn diese bis dahin nicht schon von China beansprucht werden. Was bedeutet diese Großinvestition? Selbst wenn diese Pipeline durch 20 Jahre mit voller Leistung Öl liefert, so würde diese in 20 Jahren gelieferte Ölmenge gerade reichen, um den derzeitigen Ölverbrauch der USA für 15 Monate und den Weltölverbrauch für knapp vier Monate zu decken. Denn diese neue Ölleitung liefert gerade 1,4 Prozent des weltweiten Erdölverbrauches, also eine Menge, die dem geschätzten Verbrauchsanstieg von ein bis zwei Jahren entspricht. Das Beispiel zeigt: Bei der Erschließung neuer Erdölvorkommen geht es in der Regel nur mehr um eine gesicherte weltweite Erdölversorgung für einige zusätzliche Monate und um nicht mehr.

Dieser kurze Überblick über Publikationen zum Thema Erdölverfügbarkeit zeigt innerhalb der Fachwelt ein sehr uneinheitliches Bild. Diese Situation macht es jedem Entscheidungsträger äußerst schwierig, zu klaren Schlussfolgerungen hinsichtlich der Dringlichkeit beim Umbau des Energiesystems zu kommen.

Unbestritten erscheint, dass die Begrenztheit der Erdölfelder noch vor dem Jahre 2030 voll wirksam wird. Offen ist, ob die ersten gravierenden Störungen in der Erdölversorgung im Jahre 2005, 2015 oder vielleicht erst 2025 auftreten. Manche warnenden Stimmen deuten darauf hin, dass die Versorgungssicherheit möglicherweise gefährdeter ist, als dies in den Kreisen der wirtschaftlichen und politischen Verantwortungsträger wahrgenommen wird.

Angesichts dieser Faktenlage ist die Beantwortung der Frage nach der Dringlichkeit einer Neuorientierung im Energiebereich nicht ganz so einfach wie erwartet. Denn offensichtlich ist der Abschied von einem System billiger Energie mit Unannehmlichkeiten für viele verbunden. Eine Maßnahme vor dem richtigen Zeitpunkt zu setzen, kann zu Misserfolgen führen. Andererseits ist mit hoher Wahrscheinlichkeit damit zu rechnen, dass im Zeitraum zwischen 2005 und 2025 ernsthafte Störungen in der Welterdölversorgung auftreten werden. In einer solchen Situation hilft das Konzept der „No-regret"-Maßnahmen, also die Realisierung von Maßnahmen, die jedenfalls von Vorteil für die Volkswirtschaft und die Umwelt sind, unabhängig davon, ob die Versorgungsengpässe in zwei oder 20 Jahren auftreten.

Wenn die Begrenztheit der Vorräte und die grundsätzliche Notwendigkeit einer Umstellung im Energiesystem einmal erkannt und akzeptiert sind, so bietet sich der Zeitraum bis zum Wirksamwerden dieser Verknappung geradezu als einmalige und letzte Chance für eine friedliche und planmäßige Umstellung des Energiesystems ohne große Opfer für die Bevölkerung an. Ein zentrales Instrument in dieser Umstellungsperiode ist die Einführung von Schadstoffsteuern auf fossilen Kohlenstoff und die Verwendung dieser Einnahmen zur Senkung anderer Steuern und Abgaben, sodass auf diese Weise der Umbau im Energiesystem ohne zusätzliche Belastung der Volkswirtschaft finanziert wird.

Die Einführung solcher Steuern bei gleichzeitiger Senkung anderer, arbeitsbezogener Abgaben hätte einen doppelten Effekt: Durch die Verteuerung der fossilen Energie werden die solaren Energieformen wettbewerbsfähiger, sie setzen sich schneller im Markt durch, gleichzeitig wird das Energiesparen ökonomisch attraktiv und so der Energieverbrauch gesenkt. Mit einer solchen Strategie würde sich ein Land optimal auf die künftigen Verknappungserscheinungen vorbereiten, ohne den jetzigen Wohlstand spürbar zu schmälern. Diese Option entspricht dem Friedensszenario, wie es eingangs kurz beschrieben wurde.

Eine solche „No-regret-Politik" brächte zahlreiche Vorteile für die Zukunft, ohne nennenswerte Nachteile für die Gegenwart. Allerdings kann auch eine solche Strategie in einem demokratischen Land nur erfolgreich sein, wenn es gelingt, die Öffentlichkeit für die Notwendigkeit dieser Vorgangsweise zu gewinnen.

Angesichts der beschriebenen Zeitperiode, in der wahrscheinlich die ersten echten Krisen in der Erdölversorgung auftreten werden, sprechen vor allem wirtschaftliche Überlegungen für den raschen Beginn einer solchen „No-regret-Politik". Denn jede Umgestaltung des Energiesystems erfordert große Kapitalinvestitionen. Sie werden auch derzeit laufend als Ersatzinvestitionen überwiegend in fossile Energieformen getätigt. Diese Investitionsgüter — seien es nun Heizkessel, Kraftwerke, Wärmeversorgungssysteme — haben in der Regel eine Nutzungszeit von 20 bis 40 Jahren. Nachdem mit größer Wahrscheinlichkeit die Märkte fossiler Energie in 20 bis 30 Jahren ganz anders aussehen werden als derzeit, wäre es mehr als naheliegend, diese Kapitalinvestitionen schon jetzt in den Aufbau der solaren Energiewirtschaft zu lenken. Dazu ist eine Schadstoffsteuer auf fossilen Kohlenstoff in Verbindung mit einer Senkung der Lohnneben- und Arbeitskosten das naheliegendste Instrument.

Diese Analyse führt daher zu der Schlussfolgerung, dass es im Hinblick auf die künftigen Veränderungen der Energiemärkte für fossile Energie wirtschaftlich Sinn macht, sofort mit einer zielstrebigen, konsequenten Entwicklung der solaren Energiewirtschaft zu beginnen. Jede Verzögerung verhindert den Handlungsspielraum im Rahmen des Friedensszenarios und erhöht die Wahrscheinlichkeit, dass der Umstieg nicht gemäß einer friedlichen Entwicklung, sondern chaotisch erfolgen wird.

Die Antwort auf die Frage nach dem richtigen Zeitpunkt für den Beginn einer konsequenten Umstellung auf solare Energiewirtschaft lässt sich aber nicht nur durch eine Analyse der Versorgungssituation finden. Vielmehr ergibt sich eine wesentlich eindeutigere und unmissverständlichere Antwort aus dem Kyoto-Vertrag, den Österreich im Frühjahr 2002 ratifiziert hat. Wenn man die Verpflichtung aus diesem Vertrag auf das österreichische Energiesystem umlegt, so ergibt sich daraus, dass der Verbrauch an fossilen Energieträgern bis zum Jahre 2012, also innerhalb von zehn Jahren, um mindestens 15 Prozent gesenkt werden muss. Nur so können die vereinbarten Emissionsziele erreicht werden. Um das Ausmaß der Umstellung, die Österreich bewältigen muss, zu veranschaulichen, sei daran erinnert, dass trotz der bisherigen Initiativen zur Forcierung der erneuerbaren Energieträger der Verbrauch an fossilen Ressourcen in den letzten zehn Jahren um zehn Prozent gestiegen ist (Anhang I, Tabelle 1).

Die Verpflichtungen aus dem Kyoto-Vertrag, die für Österreich demnächst völkerrechtlich verbindlich werden, führen daher zu einer eindeutigen Antwort auf die Frage nach dem richtigen Zeitpunkt für den Start der solaren Energiewirtschaft. Österreich muss mit aller Konsequenz den Umstieg auf solare Energieformen sofort beginnen, weil es nur dadurch seine völkerrechtlichen Verpflichtungen zum Klimaschutz einhalten kann. Gleichzeitig brächte ein solcher Kurswechsel in der Energiewirtschaft auch den großen Vorteil, dass sich unser Land optimal auf die künftigen Engpässe in der fossilen Energiewirtschaft vorbereiten würde.

4
Energiesystem und Evolution

Ein Blick auf die Geschichte unserer Erde und auf die Geschichte der Menschheit zeigt, dass es eine Weiter- und Höherentwicklung gibt. Diese Entwicklung erfolgt nicht immer kontinuierlich, sondern immer wieder wechseln Phasen des Stillstandes mit Perioden stürmischer Weiterentwicklung ab. Dabei verläuft diese Entwicklung manchmal nach dem Prinzip von Versuch und Irrtum. Manche Entwicklungen führen in eine Sackgasse und brechen dort ab. Andere sind erfolgreich und führen so zu einer höheren Stufe des Seins.

Jedenfalls ist die Welt, in der wir leben, nicht statisch. Das gilt in einem sehr allgemeinen Sinn für die Entwicklung des Kosmos, aber auch für die Entwicklung unseres Planeten Erde. Diese war im Laufe der Erdgeschichte durch besonders markante Übergänge gekennzeichnet. Ein solcher Übergang war beispielsweise der Sprung vom leblosen Molekül der Urzeit zur lebenden Zelle – also vom organischen Gebilde zum lebenden Organismus (4). Die Bedingungen, unter denen es zu diesem Quantensprung der Erdgeschichte kam, sind für die Wissenschaft auch heute noch nicht nachvollziehbar. Jedenfalls beweist uns die Paläontologie, dass es von dieser Urzelle an eine permanente Weiterentwicklung des Lebens gab, die nach Milliarden von Jahren zu einem weiteren Quantensprung führte – zur Entwicklung vom Tier zum Menschen.

Auch in der menschlichen Geschichte lassen sich solche Perioden des Stillstandes und Perioden besonders rascher Weiterentwicklung erkennen. Lässt man die letzten 5 000 Jahre Revue passieren, so lässt sich unschwer feststellen, dass die letzten 200 Jahre der menschlichen Geschichte auf fast allen Gebieten des menschlichen Wirkens besonders dynamisch waren. Ein Teil dieser Dynamik erklärt sich aus dem Zugriff des Menschen auf die fossilen Energiequellen in Verbindung mit neuen Entdeckungen und Erfindungen. Diese Kombination ermöglichte die Entwicklung von Technologien, die zuvor undenkbar waren und die uns letztlich alle Annehmlichkeiten ermöglichten, die heute unseren Lebensstil auszeichnen. Doch es wäre ein großer Irrtum zu glauben, dass die Entwicklung an diesem Punkt stehen bliebe.

Heute lässt sich klar erkennen, dass das Festhalten am fossilen Energiesystem die Menschheit in eine Sackgasse führt und dass eine friedliche Fortführung der gesellschaftlichen und wirtschaftlichen Entwicklung nur gelingen kann, wenn die Menschheit rechtzeitig einen Ausweg aus dieser Sackgasse findet. Für eine solche Situation gibt es in der menschlichen Geschichte Parallelen. In gewisser Hinsicht erinnert die Situation des aktuellen Energiesystems der industrialisierten Welt an den Aufstieg und Fall des Kommunismus.

Die Ideen von Marx und Engels waren die Antwort auf die menschenunwürdige Ausbeutung der arbeitenden Klasse in dem beginnenden Industriezeitalter. Sie lieferten einen wichtigen Beitrag zur sozialen Gesetzgebung und zu einem Ausgleich zwischen Kapital und Arbeit. Sie verfestigten sich jedoch im Kommunismus zu einem Menschenbild, das jede Transzendenz ausblendete und den Menschen rein aus dem Diesseits und der Materie erklären wollte. Dieses Konzept steht im Widerspruch zur menschlichen Würde, zum Streben des Menschen nach Freiheit und einer Sinnfindung, die über die Welt hinausweist. Dazu kam, dass in der weiteren Entwicklung der Industrialisierung die materielle Besserstellung der Arbeiter und Angestellten in den marktwirtschaftlichen Systemen wesentlich erfolgreicher glückte als im Kommunismus. So verloren die Ideen von Marx und Engels im Laufe der Geschichte ihre Strahlkraft und ihre Berechtigung; die Widersprüche ihrer Konzeption zu den insgeheimen Wünschen der menschlichen Natur wurden immer offensichtlicher. So kam es zur Implosion der Systeme, die auf diesem Konzept aufbauten. Die Ideen des Kommunismus haben ihre Schuldigkeit in der Geschichte getan. Sie entsprechen insgesamt nicht den menschlichen Sehnsüchten nach Freiheit und Menschenwürde.

Die heutige westliche Industriegesellschaft steht im Hinblick auf ihre energetische Basis vor einem ähnlichen Problem. Das Energiesystem steht im Widerspruch zu den Gesetzmäßigkeiten der Natur. Die Natur zeigt uns seit Jahrmillionen, ja seit Jahrmilliarden, dass eine dauerhafte Entwicklung nur möglich ist, wenn die Stoffe im Kreislauf geführt werden und die notwendige Energie, die zur Aufrechterhaltung des Kreislaufes gebraucht wird, von der Sonne kommt. Ein Wirtschaftssystem, das diese Gesetzmäßigkeit ignoriert, wird früher oder später kollabieren. Einfach deswegen, weil entweder die benötigten Energieträger nicht mehr verfügbar sein werden oder die Umweltkatastrophen die wirtschaftlichen Erfolge zunichte machen.

Die Herausforderung des neuen Jahrhunderts liegt darin, diese Situation noch rechtzeitig zu erkennen und durch den Aufbau eines neuen Energiesystems, das im Einklang mit der Natur steht und auf Dauer angelegt ist, zu meistern. Nur ein solches Energiesystem bietet der Menschheit eine Perspektive, die nicht auf Jahrzehnte, sondern auf Jahrhunderte und Jahrtausende angelegt ist und allen Menschen ein Leben in Wohlstand und Frieden ermöglicht. Jene Länder, die diese Herausforderung nicht erkennen und jetzt noch glauben, mit Waffengewalt an Paradigmen von gestern festhalten zu müssen, verstehen die Richtung der Evolution nicht, die für alle gilt. Sie riskieren mit dem Festhalten an einem auf Raubbau ausgerichteten Energiesystem ein wirtschaftliches und ökologisches Chaos globalen Ausmaßes. Für sie wird dann der Spruch zutreffen: Wer zu spät kommt, den bestraft die Geschichte.

Der Aufbau eines solaren Energiesystems bietet auch gänzlich neue Perspektiven für die so genannten Schwellenländer. Sie leben derzeit teilweise noch mit einem Energiesystem wie in Europa vor dem 18. Jahrhundert – mit allen Problemen und Nachteilen. Diese Schwellenländer könnten sich den Umweg über die fossile Option ersparen und gleich an den Aufbau einer dauerhaften, nachhaltigen Energieversorgung auf Basis solarer Energieformen schreiten. Dies werden sie nur tun, wenn die industrialisierte Welt diesen Weg vorangeht. In diesem Fall ergäbe sich eine neue Form der geistigen und wirtschaftlichen Kooperation zwischen Industrie- und Entwicklungsländern. Gleich wie Europa und der Westen insgesamt vor der Notwendigkeit stehen, das bestehende Energiesystem zu verlassen und ein neues zu kreieren, stehen auch viele Schwellenländer vor der Aufgabe, die alten ineffizienten, umweltschädlichen Technologien durch moderne, ihrem Standort angepasste Solartechnologien zu ersetzen. Dabei könnten sich die besten Köpfe darin überbieten, optimale Formen der Sonnennutzung zu entwickeln. Dieser Wettstreit um die besten Technologien würde Frieden und Wohlstand sichern, denn Sonnenenergie hat keinen Preis und ist überall vorhanden.

5
Die solare
Energiewirtschaft

Die Sonne versorgt die Erde mit einem Überfluss an Energie. Der Energiestrom von der Sonne zur Erde ist etwa 15 000-mal so groß wie der kommerziell erfasste Energieverbrauch der Menschheit. Angesichts dieses gigantischen Energiestroms ist es verständlich, dass die Erde nur so lange eine mehr oder weniger konstante Durchschnittstemperatur aufweist, solange der Abfluss von Energie in das Weltall ebenso groß ist wie der Zustrom an Sonnenenergie. Diese Abstrahlung von Energie in das Weltall wird durch die steigende Treibhausgaskonzentration, vor allem durch CO_2, behindert. Wegen des zunehmenden CO_2-Gehaltes der Atmosphäre kommt es zur Erwärmung. Dieser CO_2-Anstieg ist die Folge des Verbrennens fossiler Energieträger. Ohne die schrittweise Ablöse der fossilen Energieträger wird uns im wahrsten Sinne des Wortes die Sonne von Jahr zu Jahr mehr einheizen.

Ein Großteil der eingestrahlten Sonnenenergie fällt zwar auf Ozeane oder unbewohnte Landflächen. Doch, auch wenn man nur die Energiemenge berechnet, die die Sonne jährlich auf ein Land wie Österreich einstrahlt, kommt man zu überraschenden Ergebnissen. Sie macht etwa das 250-fache des jährlichen Energieverbrauches unseres Landes aus. Wenn wir also nur 0,4 % der Energie nutzen, die die Sonne auf Österreich einstrahlt, können wir unseren gesamten Energieverbrauch decken.

Dennoch gibt es Skeptiker, für die es unvorstellbar ist, dass ein hochindustrialisiertes und motorisiertes Land wie Österreich sich jemals ausschließlich mit solaren Energieformen versorgen könnte. Sie denken an den geringen Energieverbrauch unserer Gesellschaft vor 200 Jahren und sagen sich, eine solare Energieversorgung in Österreich wäre möglich, wenn wir wieder so leben wollen wie unsere Vorfahren – doch wer will das? Natürlich niemand. Doch diese Art von Argumentation übersieht die enorme Auswirkung des technischen Fortschritts in allen Bereichen des menschlichen Lebens. Industrie, Gewerbe und Landwirtschaft geben uns ständig zahlreiche Beispiele für diesen Fortschritt. Dazu nur ein kleines Beispiel aus der Landwirtschaft: Die Körnermaiserträge vor 200 Jahren lagen bei 600 bis 800 kg je Hektar, heute liegen die Spitzenerträge bei 12 bis 14 Tonnen – also 20-mal so hoch. Ähnliche oder noch viel größere Fortschritte gibt es auch in der technologischen Entwicklung zur Nutzung der Sonneneinstrahlung. Der Umstieg auf die solare Energiewirtschaft in diesem Jahrhundert wird nicht mit den Technologien des 18. Jahrhunderts – also mit Wasserrad, Windmühle, offenem Feuer und Pferden als Basis des Transportsystems – erfolgen, sondern mit den neuesten und effizientesten Technologien des 21. Jahrhunderts, die heute entweder schon auf dem Markt sind oder in den nächsten Jahren und Jahrzehnten noch entwickelt werden. Eine faszinierende Aufgabe der kommenden Jahre und Jahrzehnte für Ingenieure, Landwirte, Energietechniker und Verantwortungsträger wird darin bestehen, gemeinsam jenen Technologiemix zu entwickeln und einzusetzen, der es ermöglicht, uns in diesen Energiestrom der Sonne einzuklinken.

Welche Technologien der solaren Energiewirtschaft sind schon verfügbar? Welche sind noch zu entwickeln?

Diese Technologien gliedern sich in zwei Gruppen:

a. Technologien zur Nutzbarmachung des Energiestromes der Sonne für unser Energiesystem und

b. Technologien zur rationellen Energieumwandlung und zur Verringerung des Energieverbrauches bei gleichbleibenden Energiedienstleistungen.

Solare Energieformen

Wenden wir uns zunächst den ersteren Technologien zu. Neben der passiven Nutzung der Sonneinstrahlung durch solares Bauen unterscheiden wir sechs Formen zur Nutzung des Energiestroms der Sonne:

Indirekte Nutzung der Sonneneinstrahlung:

1. Wasserkraft
2. Biomasse
3. Windenergie

Direkte Nutzung der Sonneneinstrahlung:

1. Solarkollektoren
2. Photovoltaik
3. Solarkraftwerke zur Stromerzeugung

Diese sechs Formen der Sonnenenergie werden den Löwenanteil des künftigen Energiebedarfes decken. Als weitere erneuerbare Energieträger kommen die Geothermie, die Umgebungswärme und da und dort Gezeitenkraftwerke hinzu.

Wasserkraft

Auch die Wasserkraft ist eine indirekte Form der Sonnenenergie. Die Einstrahlung der Sonne erwärmt die Erdoberfläche und damit auch die Hydrosphäre. Wasser verdunstet, steigt als Wasserdampf in die Atmosphäre auf, bildet Wolken, fällt schließlich als Niederschlag wieder auf die Erde und fließt dann über Bäche, Flüsse und Ströme in die Weltmeere ab.

Überall dort, wo die Topographie eines Landes große Höhenunterschiede aufweist, also in allen Berggebieten und ebenso in Regionen, die deutlich höher liegen als der Meeresspiegel, bieten sich diese Höhenunterschiede an, die potenzielle Energie des Wassers zu nutzen. Das geschieht durch Wasserkraftwerke verschiedenster Art und Größe. Große Flüsse und Ströme ermöglichen den Bau von Laufkraftwerken, die kontinuierlich elektrische Energie in Form von Grundlast liefern. Kleinere Bäche und Flüsse im Gebirge eignen sich für die Errichtung von Speicherkraftwerken, die vornehmlich zur Abdeckung des Spitzenbedarfes an Strom dienen.

Österreich ist dank seiner Topographie in der Lage, einen großen Teil seines Strombedarfes aus Wasserkraft zu decken. In unserem Land sind etwa 8 000 Megawatt Leistung in Wasserkraftwerken installiert. Sie liefern in den letzten Jahren durchschnittlich 40 Milliarden Kilowattstunden Strom. Doch sind bei weitem nicht alle Möglichkeiten ausgeschöpft. Man schätzt, dass derzeit zwei Drittel der vorhandenen Potenziale genutzt werden. Weltweit werden weniger als 15 Prozent genutzt. Ein weiterer Ausbau der Wasserkraft in Österreich ist möglich, allerdings gibt es ökonomische und ökologische Grenzen.

Der Ausbau der Wasserkraft ist zwar kapitalintensiv, dennoch liegen die Stromerzeugungskosten in neu erbauten Wasserkraftwerken nur bei fünf bis acht Eurocent je Kilowattstunde. Wenn die Investitionskosten abgeschrieben sind und diese Werke weiterarbeiten, wird die Stromerzeugung wirklich billig. Vor allem die Modernisierung bereits bestehender Kleinwasserkraftwerke bietet große Chancen ohne ökologische Nachteile. Theoretisch wäre es möglich, den Strombedarf in Österreich weitgehend mit der Wasserkraft zu decken. Angesichts berechtigter Einwände gegen den Vollausbau der Wasserkraft kommt eine hundertprozentige Stromversorgung aus Wasserkraft nicht in Frage. Im Zuge des Aufbaues der solaren Energiewirtschaft wird es allerdings notwendig sein, einen Teil der bisher noch nicht genutzten Potenziale der Wasserkraft doch noch auszubauen.

Bioenergie

Häufig wird übersehen, dass auch Biomasse eine wichtige Form der indirekten Nutzung der Sonnenenergie darstellt. Ausgangspunkt aller Biomasse auf dem Land sind Pflanzen, im Meer Algen, oder, generell gesagt, jene biologischen Organismen, die zur Photosynthese fähig sind. Das Geheimnis der Photosynthese, die als chemische Reaktion vor Milliarden Jahren erstmals auf der Erde auftrat, liegt in der Fähigkeit der grünen Pflanzen und Algen, mit Hilfe der Sonnenenergie Kohlendioxid in Kohlenstoff und Sauerstoff und Wasser in Wasserstoff und Sauerstoff zu spalten. Die Pflanzen nehmen das Kohlendioxid über die Blätter oder Nadeln aus der Luft auf, das Wasser mit den Wurzeln aus dem Boden. Aus den so gewonnenen Sauerstoff-, Kohlenstoff- und Wasserstoffatomen bauen die Pflanzen die Pflanzenmasse auf und geben dabei Sauerstoff an die Luft ab. Energetisch betrachtet, ist Biomasse daher chemisch gespeicherte Sonnenenergie.

Natürlich entsteht auch bei Verbrennung von Biomasse Kohlendioxid. Der grundsätzliche Unterschied zur Nutzung fossiler Energiequellen liegt jedoch in der Herkunft des Kohlenstoffmoleküls. Das Kohlenstoffmolekül der Biomasse stammt aus der Luft, jenes der fossilen Energieträger aus der Erdkruste. Solange nicht mehr Biomasse genutzt wird als laufend nachwächst, bewegt sich der Kohlenstoff bei der energetischen Nutzung der Biomasse innerhalb des natürlichen Kohlenstoffkreislaufes. Die Nutzung der fossilen Energieträger dagegen ist eine Störung des natürlichen Kreislaufes und führt zu einer ständigen Verlagerung des Kohlenstoffs aus der Erdkruste in die Atmosphäre.

Pflanzen sind Energiesammler und gleichzeitig Energiespeicher – so wie sie wachsen, speichern sie Energie. Diese Speicherung der Sonnenenergie in chemischer Form ist ein besonderes Kennzeichen der Biomasse und unterscheidet sie von den anderen solaren Energieformen wie Photovoltaik, Wind oder Solarkollektoren, die nur dann Energie liefern, wenn die Sonne scheint oder der Wind weht. Dank der Speicherung der eingestrahlten Energie bietet sich daher Biomasse in besonderer Weise als wichtige Ergänzung der übrigen solaren Energieformen an.

Der Wirkungsgrad der Photosynthese ist allerdings im Vergleich zu den technischen Lösungen gering. Über das Jahr hinweg speichern Pflanzen im Durchschnitt etwa 0,5 Prozent der eingestrahlten Sonnenenergie als chemische Energie. Diese Menge hängt in hohem Maße von den allgemeinen Wachstumsbedingungen, der Qualität des Bodens, der Wasserversorgung, vor allem aber auch von den Pflanzen selbst ab, die angebaut werden. Ausgesprochen leistungsfähige Energiepflanzen können unter mitteleuropäischen Bedingungen auch ein Prozent der jährlich eingestrahlten Energiemenge speichern, das entspräche dann 100 000 Kilowattstunden je Hektar.

Welche Fläche wäre notwendig, um nur mit Biomasse den Energiebedarf Österreichs zu decken? Dazu wären 75 Prozent der Landesfläche, also etwa 6,5 Millionen Hektar land- und forstwirtschaftliche Fläche erforderlich.

Im weltweiten Maßstab spielt Biomasse in der Energieversorgung eine sehr unterschiedliche Rolle. In manchen Entwicklungsländern werden 80 bis 90 Prozent des Energiebedarfes, der hauptsächlich aus dem Energieaufwand für das Kochen besteht, mit Biomasse gedeckt. Oft in einer Form, die zu einem ständigen Rückgang des Biomasseangebotes führt und daher in keiner Weise nachhaltig ist. In vielen hochindustrialisierten Ländern deckt die Biomasse dagegen derzeit nur ein bis zwei Prozent des Energiebedarfes. Und der Einsatz war bis vor kurzem noch rückläufig. In der Europäischen Union lag der Anteil der Biomasse an der Energieversorgung Mitte der 90er-Jahre bei 3,5 Prozent und soll sich bis 2010 auf über neun Prozent erhöhen. Schweden und Finnland sind unter den industrialisierten Ländern Spitzenreiter in der Nutzung der Biomasse. Dort liegt das biogene Energieaufkommen bei 17 bis 18 Prozent. In Österreich deckt die Biomasse derzeit knapp zwölf Prozent des gesamten Energieaufkommens.

Biomasse ist ein sehr vielseitiger Energieträger, ganz im Gegensatz zu den anderen solaren Energieformen. Während Wasserkraft-, Windenergie-, Photovoltaik- und Solarkraftwerke nur Elektrizität liefern, kann Biomasse zur Erzeugung von Strom, Wärme und Treibstoffen herangezogen werden. Auch die Rohstoffbasis für die Energiegewinnung aus Biomasse ist sehr unterschiedlich. Als Rohstoffe kommen in Frage: Brennholz, Holznebenprodukte der Sägeindustrie- und Forstwirtschaft wie Rinde, Sägespäne, Schlagrücklass und Hackgut, Stroh, Mist, Gülle, aber auch Rapssaat, Getreide, Gras und speziele Energiekulturen wie Kurzumtriebswälder, Miscanthus, Energiegras und eine Reihe anderer Kulturpflanzen.

Ähnlich vielfältig wie die Rohstoffbasis sind auch die Verfahren, um von der Biomasse zur gewünschten Energieform zu gelangen. Die Verbrennung ist das klassische Verfahren zur Wärmeerzeugung. Der Dampfprozess, die thermische Vergasung, der Heißluftmotor (Stirling-Motor), aber auch der anaerobe Abbau der pflanzlichen Masse in Biogasanlagen ebenso wie Pflanzenölmotoren mit angeschlossenen Generatoren kommen für die Stromerzeugung in Betracht.

Die Treibstofferzeugung aus Biomasse beruht auf Vergärung von Stärke und zuckerhältigen Ausgangsstoffen (Mais, Getreide, Zuckerrübe, Zuckerrohr) oder der Veresterung von pflanzlichen Ölen und anderen Fetten. Die Treibstofferzeugung aus zellulosehältigem Ausgangsmaterial wie Stroh oder Holz befindet sich derzeit im Entwicklungsstadium. Auch Biogas kommt als Treibstoff in Betracht und wird versuchsweise auch schon als Treibstoff eingesetzt, ähnlich wie Erdgas.

Die Wärmeversorgung mit Biomasse entwickelte sich in den letzten Jahren dynamisch. Dazu hat die Entwicklung neuer Brennstoffe wie Hackgut und Pellets beigetragen, die das Brennholz wirkungsvoll ergänzen. Die Markteinführung der Pellets – das sind kleine zylinderförmige Holzpresslinge mit einer Länge von zwei bis drei Zentimetern und einem Durchmesser von vier bis sechs Millimetern – verläuft geradezu stürmisch, weil Heizsysteme auf Basis von Pellets in Einfamilienhäusern praktisch den gleichen Komfort bieten wie fossile Energiesysteme.

Auf europäischer Ebene verlief die Entwicklung der Biomasse als Energieträger in den letzten Jahren recht unterschiedlich und konzentrierte sich auf wenige Länder. So sind Schweden und Finnland führend in der Nutzung der Biomasse als Wärme- und Stromquelle. In diesen Ländern konzentriert sich die Entwicklung besonders auf großtechnische Anlagen mit 100 bis 500 Megawatt thermischer Kesselleistung, die die Wärme über städtische Fernwärmenetze abgeben und daneben Strom erzeugen. Durch die relativ hohe Besteuerung der fossilen Brennstoffe im skandinavischen Raum wurde Biomasse trotz gesunkener Ölpreise zur kostengünstigen Alternative im Wärmemarkt.

Deutschland dagegen war in den letzten Jahren dominierend im raschen Aufbau der Produktion von Biodiesel. Die Kapazität der Produktionsanlagen wird dort demnächst eine Million Tonnen pro Jahr erreichen. Diese Entwicklung wurde begünstigt durch die Einführung der Ökosteuer auf fossile Treibstoffe. Auch im Ausbau der Biogastechnologie ist Deutschland mittlerweile führend. Dank günstiger Einspeisetarife für Strom aus Biomasse errichteten mittlerweile schon mehr als 1 600 landwirtschaftliche Betriebe Biogasanlagen.

Weltweit führend in der Verwendung von Alkohol zur Treibstoffversorgung sind Brasilien und die USA. Die jährliche Produktion von Treibstoffen für Verkehrszwecke erreicht in Brasilien im Schnitt zwölf Milliarden Liter und deckt damit fast ein Viertel des Treibstoffbedarfes. Alkohol wird dort teilweise in Autos mit Alkoholmotoren verwendet – also Autos, die nur mit Alkohol fahren – oder dem normalen Benzin bis zu 25 Prozent beigemischt.

Österreich hat sich in den letzten Jahren einen Namen durch den raschen Ausbau kleinerer und mittlerer Fernheizwerke auf Basis Biomasse gemacht. Auch die Markteinführung der Pellets bei Kleinabnehmern verlief bis jetzt sehr erfolgreich.

Angesichts des vielseitigen Rohstoffangebotes und der unterschiedlichen Verwertungslinien ist es nicht überraschend, dass auch die Kosten der Energie aus Biomasse stark variieren. Sie hängen von den Rohstoffen, den Umwandlungsverfahren, der Anlagengröße und den erzeugten Energieformen Wärme, Treibstoffe oder Strom ab. Wärme aus Rest- und Nebenprodukten der Forstwirtschaft kann in modernen Heizkesseln – ohne die Kosten für die Verteilung über Fernwärmenetze – zu 2,5 bis 4,5 Eurocent je Kilowattstunde produziert werden. Dagegen liegen die Kosten der Stromerzeugung zwischen acht bis 16 Cent je Kilowattstunde. Die Erzeugung von Bioethanol und Biodiesel verursacht unter europäischen Rahmenbedingungen Produktionskosten im Bereich zwischen 48 und 62 Cent je Liter. Bei einem Erdölpreis von 25 Euro je Barrel sind Biotreibstoffe bei Befreiung von der Mineralölsteuer in der Regel billiger als fossile Treibstoffe inklusive Mineralölsteuer. Dies gilt zumindest für jene europäischen Länder mit relativ hohen Mineralölsteuern. Generell lässt sich sagen, dass die Wettbewerbsfähigkeit der Bioenergie bei den aktuellen Erdölpreisen einerseits von dem ständigen Bemühen um weitere Effizienzverbesserung abhängt, aber natürlich auch von der Höhe der Steuern auf fossile Energieträger und der Steuerbefreiung der Bioenergie.

Windenergie

Wind ist mittelbare Sonnenenergie in Form kinetischer Energie. Die Windströmungen hängen von der Tageszeit, von der Saison, von der Topographie und von anderen Einflüssen wie der Erddrehung ab. Sie sind in der Regel an der Küste sowie auf Berg- und Hügelrücken stärker als im inneren und flachen Teil der Kontinente. Die Nutzung der Windenergie zur Stromerzeugung beginnt bei Windgeschwindigkeiten von drei bis vier Metern pro Sekunde und geht bis zu Geschwindigkeiten von 20 Metern pro Sekunde. Zunehmende Windgeschwindigkeit erhöht die Stromerzeugung progressiv. Daher ist die Auswahl der Standorte besonders wichtig.

Die Nutzung der Windenergie ist Jahrtausende alt. Doch die systematische, wissenschaftliche Arbeit an der Weiterentwicklung der Windtechnologie begann erst Mitte der 70er-Jahre in einigen Regionen der Welt wie Kalifornien, Dänemark und Norddeutschland. Die Ergebnisse dieser Arbeiten sind sensationell. Die ersten Anlagen zur Nutzung der Windenergie zur Stromerzeugung hatten eine Leistung von einigen Kilowatt. Die Anlagen wurden dann schrittweise größer und erreichten Mitte der 90er-Jahre eine Leistung von einigen hundert Kilowatt je Windmaschine. Zu Beginn dieses Jahrzehntes werden neue Windmaschinen eingesetzt, deren Leistung zwischen ein und zwei Megawatt liegt, bei neuen Offshore-Windparks wird man Leistungen von über vier Megawatt erreichen. Je nach Standort laufen diese Anlagen mit 1 500 bis 3 000 Volllaststunden.

Weltweit nimmt die Stromerzeugung aus Wind rasant zu. Mitte der 90er-Jahre waren auf der Erde etwa 5 000 Megawatt installiert – davon die Hälfte in Europa. Im Jahre 2001 standen allein in Europa 17 000 Megawatt Windanlagen, für 2010 werden 60 000 Megawatt installierte Leistung erwartet. In Österreich waren im Jahr 2001 rund 110 Megawatt installiert.

In den letzten Jahren hat Europa, insbesondere Dänemark, Deutschland und Spanien, weltweit die Führung in der Entwicklung und Anwendung der Windenergie übernommen. Ausschlaggebend dafür waren wirtschaftliche Rahmenbedingungen in Form staatlich festgesetzter Einspeisetarife. Diese nahmen den Investoren das Preisrisiko ab und boten die Chance, dass privates Kapital in hohem Maße bereit war, das Entwicklungsrisiko, das mit der Einführung neuer Technologien verbunden ist, zu übernehmen. Länder, die auf solche Rahmenbedingungen verzichteten, wie die USA, England und andere, hatten an der rasanten Entwicklung der Windenergie und der dazugehörigen Technik wenig Anteil und fielen deutlich zurück. Kalifornien auch deswegen, weil durch eine unüberlegte Liberalisierung des Strommarktes die Windenergie kurzfristig aus dem Markt gedrängt wurde. Jetzt werden weltweit Technologien und Markteinführungsprogramme aus Europa von anderen großen Staaten wie Indien, China und Brasilien übernommen.

Ein wichtiger Nebeneffekt der raschen Ausbreitung der Windenergie waren die Kostensenkungen, die mit dem Fortschritt in der Technologie einhergingen. Zu Beginn der modernen Windstromerzeugung lagen die Kosten bei 20 Cent je Kilowattstunde. Sie verringerten sich kontinuierlich und liegen derzeit je nach Standort bei sieben bis zehn Cent je Kilowattstunde. Bei den neuen Offshore-Windparks hält man bei Kosten von fünf bis sieben Cent je Kilowattstunde. Damit kommt die moderne Windenergie zunehmend in die Lage, auch in Konkurrenz zur Stromerzeugung aus fossilen Quellen zu treten.

Solarkollektoren

Eine andere Form, die Strahlungsenergie der Sonne direkt zu nutzen, sind Solarkollektoren. Sie sind in Österreich schon weit verbreitet. Im Jahr 2002 waren 2,5 Millionen Quadratmeter Kollektorfläche installiert. Damit liegt Österreich in absoluten Zahlen gleich hinter Deutschland und Griechenland. In relativen Zahlen – Kollektorfläche pro Einwohner – ist Österreich führend in Europa.

Jährlich kommen zu dieser Fläche etwa 180. 00 Quadratmeter hinzu. Diese Entwicklung wird mittlerweile durch eine leistungsfähige Industrie unterstützt, die auch schon erfolgreich Exportmärkte beliefert. Förderaktionen einzelner Bundesländer haben diese Entwicklung eingeleitet. Solarkollektoren bewähren sich unter mitteleuropäischen Bedingungen zur Warmwasserbereitung und zum teil- oder vollsolaren Heizen.

Moderne Solarkollektoren sind in der Lage, einen besonders hohen Teil der einfallenden Sonnenstrahlung in Wärme umzuwandeln, der Wirkungsgrad liegt bei Spitzenprodukten bei 60 Prozent. Im Durchschnitt werden knapp 400 Kilowattstunden Sonnenstrahlung je Quadratmeter aufgenommen und in Wärmeenergie umgewandelt.

Die Solarkollektoren werden in einem künftigen solaren Energiesystem eine wichtige Rolle spielen. Ihre Aufgabe wird es vor allem sein, Strom in der Warmwasserbereitung zu ersetzen und auch teilweise die Beheizung der Wohnungen insbesondere in der Übergangszeit sicherzustellen. Ihr wesentlich verstärkter Einsatz wird beim Aufbau eines solaren Energiesystems unverzichtbar.

Die relativ hohen Investitionskosten sind ein Hindernis für die raschere Verbreitung, ebenso die Notwendigkeit, Speichereinrichtungen zu schaffen, damit Warmwasser auch dann vorhanden ist, wenn die Sonne gerade nicht scheint. Entsprechende Zuschüsse zur Anschaffung der Solarkollektoren machen diese Form der Warmwasserversorgung heute trotz der hohen Investitionskosten wirtschaftlich. Die Investitionskosten für ein System liegen derzeit bei 350 bis 500 Euro je Quadratmeter, die Kollektorkosten allein bei 220 bis 300 Euro. Bei einem durchschnittlichen Haus reichen sechs bis acht Quadratmeter Solarkollektorenfläche.

Photovoltaik

Oft wird die Photovoltaik als die klassische Form der Sonnenenergienutzung betrachtet. Sie findet auch besonderes Interesse der Wirtschaft und Industrie. Photovoltaische Zellen machen es möglich, die Sonneneinstrahlung direkt in Strom umzuwandeln. Der Strom kann dann in das Netz geliefert, gleich verbraucht bzw. in Batterien gespeichert werden.

Die Entwicklung der photovoltaischen Anlagen ist ein Ergebnis des Industriezeitalters. Sie waren in der ersten solaren Zivilisation noch nicht bekannt. Ihr Bau wurde erst dank der Erfindung der Halbleiter möglich. Über 90 Prozent der Solarzellen bestehen aus kristallinem Silizium. Der Wirkungsgrad der photovoltaischen Zellen erreicht zwar theoretisch 20 bis 30 Prozent, in der Praxis jedoch nur etwa zehn Prozent. Zehn Prozent der eingestrahlten Sonnenenergie werden in Strom umgewandelt. Das führt zu einer theoretischen Frage:

Wie viel Prozent der Fläche Österreichs müssten mit Solarzellen bestückt werden, um den gesamten Energiebedarf zu decken? Bei einer Sonneneinstrahlung in Österreich von etwa 1 000 Kilowattstunden je Quadratmeter und Jahr ergibt sich ein theoretischer Flächenbedarf von 3 300 Quadratkilometer, das sind knapp vier Prozent der Landesfläche. Natürlich denkt niemand daran, den gesamten Energiebedarf über photovoltaische Anlagen zu decken, das könnte auch niemand bezahlen. Das Beispiel soll nur zeigen, dass es schon heute Technologien gibt, die es möglich machen, auf einem sehr kleinen Teil der Landesfläche jene Sonnenenergiemenge zu sammeln, die für das gesamte Land zur Energieversorgung gebraucht wird.

Ein wichtiger Aspekt bei der Nutzung der Sonnenenergie sind natürlich die Kosten. Strom aus photovoltaischen Anlagen ist heute noch sehr teuer. Er kostet etwa 60 bis 70 Cent pro Kilowattstunde, also etwa zehn mal so viel wie Strom aus Wasserkraftanlagen. Die hohen Kosten sind ein Haupthindernis für die rasche Ausbreitung dieser Form der Stromerzeugung. Allerdings wird weltweit viel Geld in die Forschung und Entwicklung investiert, um die Kosten dieser Form der Stromerzeugung zu senken. Die Zahl der installierten Anlagen nimmt weltweit rasch zu. Deutschland hat erst kürzlich beschlossen, für bis zu 5 000 Megawatt photovoltaische Anlagen den Strom zu einem garantierten Mindestpreis in der Höhe von 50 Cent je Kilowattstunde zu übernehmen; im Jahre 2001 wurden dort 75 Megawatt installiert – in Österreich gab es 2001 Anlagen mit einer Leistung von fünf Megawatt.

Solarkraftwerke

Solarkraftwerke sind bisher in Mitteleuropa nicht im Einsatz. Erste Pilotanlagen wurden bisher nur in südlicheren Breitengraden errichtet, etwa in Südspanien oder in Kalifornien. In Jordanien soll gerade ein 130-Megawatt-Solarkraftwerk entstehen (6).

Die Grundidee: Durch unterschiedliche technische Lösungen wird Sonnenenergie, die auf einer größeren Fläche – mehrere Hektar bis zu einigen Quadratkilometern – einfällt, gesammelt und dann zur Erzeugung von Elektrizität eingesetzt. Die Investitionskosten solarthermischer Großkraftwerke liegen zwischen 100 und 400 Millionen Euro, eine Rentabilität ist bei den aktuellen Öl- und Gaspreisen nur bei Gewährung von Investitionszuschüssen gegeben.

Wegen der wesentlich höheren Sonneneinstrahlung kann die Stromerzeugung mit solchen Kraftwerken in südlichen Regionen kostengünstiger erfolgen als in unseren Breiten oder weiter im Norden. Daher lässt die weitere Entwicklung dieser Pilotanlagen erwarten, dass diese Technologie zu interessanten Formen der Kooperation etwa zwischen Standorten in Südeuropa und den Ländern Mittel- und Nordeuropas führen wird, ganz abgesehen von der Kooperation über die Grenzen der Kontinente hinweg.

Die solare Energiewirtschaft – eine Zwischenbilanz

Diese Beschreibung der solaren Energieformen vermittelt eine Vorstellung über das Bild der künftigen Energiewirtschaft und lässt die Deckung des Energiebedarfs Österreichs durch Sonnenenergie realisierbar erscheinen. Um den derzeitigen Bedarf an Primärenergie zu jeweils 20 Prozent mit einer der angeführten Technologien zu decken, wären folgende Flächen erforderlich:

Flächenbedarf zur Gewinnung von 1 200 PJ [1]) Sonnenenergie

mit	km²
20% Wasserkraft	schwer abschätzbar
20% Bioenergie	13 000
20% Wind	340
20% Solarkollektoren	240
20% Photovoltaik	660

[1]) PJ = Petajoule ist eine Mengeneinheit für Energie.
Ein PJ enthält soviel Energie wie 27,8 Mio Liter Erdöl bzw. wie 110 000 Festmeter Holz trocken.

Diese Zahlen zeigen, dass unter diesen Annahmen weniger als 20 Prozent der Landesfläche reichen würden, um den jetzigen Energiebedarf zu decken. Andererseits sind diese Angaben hypothetisch, denn sie berücksichtigen weder Kosten noch Speicherfragen und Wertigkeit der gewünschten Energie. Der aktuelle Beitrag der solaren Energieformen zum österreichischen Energiesystem ist folgender:

Beitrag der solaren Energieformen zum Energiesystem Österreich Jahr 2000

	Anteile in Prozent
Wasserkraft	14,58 %
Bioenergie	11,30 %
Wind	0,80 %
Solarkollektoren	0,25 %
Photovoltaik	0,04 %
Summe	26,97 %

Dieser Mix solarer Energieformen wird sich in Zukunft verschieben. Eine besondere Aufgabe der künftigen Energiepolitik wird darin liegen, die Entwicklung der solaren Energieträger so zu steuern, dass es zu einer optimalen, kostengünstigen und umweltverträglichen Struktur der Energiebereitstellung und der Energieverwendung kommt. Natürlich wird sich das Landschaftsbild verändern. Statt der wenigen, großen Kraftwerke werden viele dezentrale Biogas- und Biomasseanlagen, Windturbinen, Solarkollektoren, Solarzellen und Energiekulturen zu sehen sein. Der Verzicht auf Atomenergie und steigende CO_2-Emissionen wird auch Änderungen im Natur- und Landschaftsschutz erforderlich machen. Klimaschutzpolitik durch Ausbau der erneuerbaren Energien wird eine Priorität gegenüber dem klassischen Natur- und Landschaftsschutz erhalten, um die Zerstörung der natürlichen Lebensbedingungen durch die Erderwärmung zu bremsen.

Dieser Blick auf die künftige solare Energiewirtschaft vermittelt auch eine Vorstellung von den Investitionen, die zu ihrer Errichtung notwendig sein werden. Wenn es gelingt, für diese neuen Technologien wirtschaftliche Rahmenbedingungen zu schaffen, so würde sich für zahlreiche Firmen ein riesiges industrielles Wachstumspotenzial mit dynamischen Märkten eröffnen. Die hohen Wachstumsraten würden privates Kapital anziehen. Auf diese Weise würde eine dynamische technologische Entwicklung auf einem Schlüsselgebiet der Zukunft induziert – mit zahlreichen neuen Arbeitsplätzen und Exportchancen.

Rationelle Energieumwandlung und Energienutzung

Das künftige solare Energiesystem wird sich jedoch nicht nur durch eine andere Form der Energiebereitstellung, sondern auch durch eine effizientere Form der Energieumwandlung und Energienutzung vom heutigen unterscheiden.

Jedes Energiesystem dient letztlich dem Ziel, Energiedienstleistungen bereitzustellen. Um dieses Ziel zu erreichen, werden Primärenergien – also nukleare, fossile oder solare Energien – in Sekundärenergien wie Strom, Treibstoffe oder heißes Wasser und diese weiter zu Energiedienstleistungen umgewandelt. Die Verbesserung der Effizienz dieser Umwandlungsschritte mit dem Ziel, gleiche Energiedienstleistungen mit einem deutlich geringeren Einsatz an Primärenergie bereitzustellen, ist beim Aufbau der zweiten solaren Zivilisation genau so wichtig wie der Ausbau der solaren Energieträger.

Weltweit erfolgt der Einsatz der Primärenergieträger sehr ineffizient. Unter dem Einfluss eines bisher reichlichen und preisgünstigen Angebotes an fossilen Energieträgern und gemäß dem Bestreben vieler Energieunternehmen, ihren Umsatz und ihren Gewinn durch den vermehrten Verkauf von Energie (sei es Strom, Wärme, Treibstoffe) zu steigern, hat sich ein verschwenderischer Umgang mit Energie entwickelt. An der Spitze dieser Energieverschwendung, gemessen am Energieeinsatz je Kopf, liegen die Länder Nordamerikas. Aber auch im österreichischen Energiesystem gibt es ein hohes Maß an Ineffizienz. Der Einsatz an Primärenergie im Jahre 2000 lag nach den international abgestimmten Berechnungen bei 1 115 Petajoule, nach Umwandlung der Energieträger zu Strom und Wärme standen etwa 960 Petajoule Endenergie zur Verfügung, tatsächlich genutzt wurden jedoch nur 590 Petajoule. Der Nutzungsgrad der Primärenergie liegt also bei 50 Prozent des Primärenergieeinsatzes.

Gewisse Umwandlungsschritte sind besonders ineffizient, beispielsweise die kalorische Stromerzeugung ohne Nutzung der dabei frei werdenden Wärme in Verbindung mit langen Leitungen vom Kraftwerk zum Verbraucher. In einem solchen System kommen nur 30 bis 35 Prozent der eingesetzten Primärenergie beim Endverbraucher als Elektrizität an. Aber auch die heute üblichen Autos setzen nur 15 bis 20 Prozent der Treibstoffenergie in Antriebskraft um, der Rest geht als Abwärme verloren. Überspitzt formuliert, könnte man Autos als fahrende Öfen bezeichnen. Bei den herkömmlichen Glühbirnen werden nur fünf bis zehn Prozent des Stroms in Licht umgewandelt, der Rest ist Wärme. In der künftigen solaren Energiewirtschaft werden die Verluste der Energieumwandlung deutlich verringert werden, beispielsweise durch die Kombination von

Wärme- und Stromerzeugung, durch sparsamere Verbrennungsmotoren und neue Antriebskonzepte für PKWs, durch den Einsatz Strom sparender Elektrogeräte und Glühbirnen.

Außerdem werden die Energieverluste in Form unerwünschter Wärmeabgabe dadurch reduziert, dass die Umwandlungsketten vom Primärenergieträger zum Endverbraucher so kurz wie möglich gehalten werden. In diesem Sinne wird es darauf ankommen, die regional anfallende Sonnenenergie zuallererst zur Deckung des regionalen Energiebedarfes zu verwenden und erst in zweiter Hinsicht den überregionalen Energiemarkt zu bedienen.

Aber nicht nur bei der Energieumwandlung, sondern auch bei der Energienutzung lässt sich Energie einsparen, denn immer noch gibt es zahlreiche Einzelbeispiele, die den verschwenderischen Umgang mit Energie belegen. Viele Häuser, die heute 30, 40 Jahre oder noch älter sind, brauchen zur Beheizung während eines Winters 200 Kilowattstunden Wärme pro Quadratmeter. Moderne, auf Energieeffizienz ausgelegte Häuser kommen mit 60 oder 50 Kilowattstunden aus, Niedrigenergiehäuser mit noch geringeren Werten. So könnte durch die allmähliche thermische Sanierung des Hausbestandes im Laufe von ein bis zwei Generationen der Wärmebedarf um die Hälfte oder um zwei Drittel reduziert werden – bei gleichbleibendem Komfort für die Benutzer (8).

Die Gesellschaft erwartet vom Energiesystem nicht den Verbrauch von viel Kohle oder Öl, sondern spezifische Energiedienstleistungen wie warme oder gekühlte Räume, Prozesswärme für Produktionsabläufe, Licht, Antriebskraft und Elektrizität für die Kommunikation. Diese Dienstleistungen könnten mit wesentlich geringerem Primärenergieeinsatz bereitgestellt werden, wenn die effizientesten Technologien zum Einsatz kommen. Dies war bisher angesichts niedriger Energiepreise und eines großzügigen Angebotes nicht so wichtig. In einem nachhaltigen Energiesystem wird sich dies ändern. Die Umstellung auf erhöhte Energieeffizienz ist allerdings im Hinblick auf die hohe Kapitalintensität des Energiesystems nicht von heute auf morgen möglich.

6
Zeitbedarf und Technologieentwicklung

Die bisherigen Überlegungen führen zu folgenden Erkenntnissen:

- Die Ablöse der fossilen Energieträger wird zu einer dominierenden Aufgabenstellung für das 21. Jahrhundert.
- Länder, die das als Erste erkennen, haben die große Chance, die Vorteile einer Pionierposition zu realisieren; für Österreich kommt hinzu, dass auf diese Weise auch die völkerrechtlichen Verpflichtungen aus dem Kyoto-Vertrag zu erfüllen sind.
- An die Stelle der fossilen Energieträger werden solare Energieformen wie Wasserkraft, Bioenergie, Windenergie, Solarkollektoren, Photovoltaik und Solarkraftwerke treten.
- Die rationelle Nutzung der Energie sowie die Verbesserung der Effizienz der Energieumwandlungsketten von der Primärenergie zur gewünschten Energiedienstleistung wird ein wichtiger Teil im Gesamtumbau des Energiesystems sein.

Verfügen wir schon über genügend erprobte und Erfolg versprechende Technologien für den Ausbau des solaren Energiesystems?

Die Antwort auf diese Frage ist zwiespältig. Natürlich verfügen wir am Beginn des 21. Jahrhunderts schon über zahlreiche hoch entwickelte Technologien zur Nutzung verschiedener Formen der Sonnenenergie. Daher gibt es auch keinen technologischen Grund, mit dem Aufbau nicht sofort zu beginnen. Andererseits ist es ebenso klar, dass die technologische Entwicklung nicht stehen bleibt, sondern ständig weitergeht. In 25 oder in 50 Jahren wird die Art, wie wir die Energie der Sonne nutzen, in mancher Hinsicht anders aussehen als heute. Das ist jedoch kein Grund, abzuwarten.

Ein großer Teil des Kapitalvermögens, das in die Umwandlung von Energie investiert wird, wird innerhalb eines Zeitraumes von 20 bis 40 Jahren erneuert. Die Anlagen zur Nutzung der verschiedenen Formen der Sonnenenergie, in die man heute investiert, werden nach ihrer Nutzungsperiode durch neue effizientere Anlagen abgelöst werden. Diese Form der ständigen Erneuerung eines Systems durch Ersatzinvestitionen gilt für alle Bereiche der Wirtschaft und ist eigentlich der Schlüssel für die Implementation des technischen Fortschritts in unserer Wirtschaft. Dies gilt natürlich ebenso für den Aufbau des solaren Energiesystems.

Die heutigen Technologien

In der Entwicklung der photovoltaischen Zellen gibt es einen klaren Trend zu kleineren Schichten, größeren Einheitsflächen und höheren Wirkungsgraden (5). In den letzten 20 Jahren stiegen die Wirkungsgrade der Solarzellen jährlich. Diese Tendenz hält an. Solarzellen mit geringerer Materialintensität und höherem Wirkungsgrad führen zu einer Senkung der spezifischen Stromerzeugungskosten. Dazu kommt, dass auch die Massenfertigung der Solarzellen zur Kostenreduktion führen wird. Vielleicht wird es in den nächsten Jahrzehnten dazu kommen, dass nicht zehn, sondern 15 Prozent der eingestrahlten Sonnenenergie in Strom umgewandelt werden und die Kosten dadurch spürbar zurückgehen.

Auch die Solarkollektoren stehen noch nicht am Ende ihrer technologischen Entwicklung, obwohl sie schon hohe Wirkungsgrade erreichen. Entscheidend ist die Optimierung des Gesamtsystems Solarkollektor – Steuerung – Energiespeicher – Heizsystem. Kombinierte, kostengünstige solar-biogene Energiesysteme, die den Raumwärme- und Warmwasserbedarf eines normalen Hauses zur Gänze decken, sollten zum künftigen Standard werden. Eine gezielte Ausbildung der Installateure in diese Richtung bietet einen wichtigen Schlüssel zum Erfolg.

Bei der Errichtung von Solarkraftwerken kommen derzeit zwei verschiedene Technologien zum Einsatz. Ein Prinzip besteht darin, dass die Sonneneinstrahlung über spezielle Spiegel, die in Parabolrinnen montiert sind, auf einen Punkt konzentriert wird und auf diese Weise Wasser zum Verdampfen kommt. Wasserdampf wird dann in konventionellen Dampfturbinen zu Strom und Wärme abgearbeitet. In diesem Fall spricht man von Parabolrinnen-Kraftwerken. Ein anderes Konzept sieht die Abdeckung einer größeren Landfläche mit Glas vor, sodass sich unter dieser Glasabdeckung die Luft stark erhitzt. In der Mitte der Glasfläche steht ein großer Turm, als Kamin ausgebildet, durch den die erhitzte Luft mit einer Geschwindigkeit von über 50 Kilometer pro Stunde nach oben strömt. Im

Kamin ist eine spezielle Turbine montiert, die durch den heißen Luftstrom angetrieben wird und die die kinetische Energie des Luftstromes auf einen Generator zur Stromerzeugung überträgt (6). Prototypen solcher Aufwindkraftwerke sind schon in Betrieb, allerdings wird diese Technologie in Österreich wegen der geringeren Sonneneinstrahlung im Vergleich zum Süden kaum zur Anwendung kommen.

Die Entwicklung der Windenergie geht hin zu leistungsfähigen großen Windmaschinen mit zwei, drei und mehr Megawatt Leistung, die vor allem an Standorten mit höheren Windgeschwindigkeiten aufgestellt werden, bevorzugt in jüngster Zeit direkt im Meer in Küstennähe. Auf diese Weise hofft man die Stromerzeugungskosten weiter zu senken. Für Österreich bietet sich die Aufstellung solcher Anlagen auf manchen Bergrücken an.

Bei der Biomassenutzung ist die Erzeugung von Wärme sehr weit entwickelt. Hier sind kaum noch grundsätzliche neue technische Durchbrüche zu erwarten. Anders sieht es mit der Stromerzeugung aus Biomasse aus. Gerade für Einheiten mit einer elektrischen Leistung zwischen einem Kilowatt bis einem Megawatt fehlen teilweise erprobte Technologien. In dieser Größenordnung bieten sich aber viele Möglichkeiten der Wärmenutzung und damit auch der Kraft-Wärmekopplung an, sei es für Einfamilienhäuser, bei der Beheizung von Gemeinschaftsobjekten oder bei kleineren und mittleren Fernwärmenetzen. Auf diesem Gebiet ist noch viel Entwicklungsarbeit zu leisten. Ein Weg zur Stromerzeugung in Einheiten mit einer elektrischen Leistung unter fünf Kilowatt führt zum Stirlingmotor in Verbindung mit Pelletskesseln. Ein anderer Ansatz wäre die Brennstoffzelle – gespeist mit Wasserstoff aus Biogas. Für Einheiten zwischen 200 bis 1 000 Kilowatt elektrischer Leistung hat sich bisher der ORC-Prozess bewährt. Auch die Vergasung kommt nach Abschluss der Entwicklungsarbeiten in Betracht. Aus Gründen der Effizienzverbesserung sollte die Stromerzeugung aus Biomasse nur dort erfolgen, wo auch die Wärme benötigt wird.

Die Treibstofferzeugung aus Biomasse beruht derzeit auf den erprobten Techniken der Alkoholproduktion über Gärung und der Biodieselerzeugung durch die Veresterung von Pflanzenölen. Auch der direkte Einsatz von Pflanzenölen ohne Veresterung wird untersucht und teils praktiziert. Die Erzeugung von Alkohol aus Zellulose mit umweltfreundlichen, kostengünstigen Verfahren wird derzeit in Forschungs- und Demonstrationsanlagen erprobt. Ebenso gibt es neue Ansätze, mit Hilfe des Fischer-Tropsch-Verfahrens zu neuartigen Biotreibstoffen zu kommen, die speziell auf die Wünsche der Motorentechniker abgestimmt sind. Rohstoffbasis für das Fischer-Tropsch-Verfahren, das ursprünglich zur Kohleverflüssigung eingesetzt wurde, kann jede feste Biomasse sein. Mit diesem Verfahren wird Kohlenstoff aus der Biomasse gewonnen und zu Synthesetreibstoffen rekombiniert. Schließlich sind auch die Ansätze zur Nutzung von Biogas als Treibstoff zu erwähnen.

Wasserstoff als sekundärer Energieträger der solaren Energiewirtschaft

In vielen Beiträgen wird von der kommenden Wasserstoffwirtschaft gesprochen, die das Zeitalter der fossilen Energiewirtschaft ablösen soll. So rückt der Wasserstoff in den Mittelpunkt des Interesses. Diese Überlegungen führen zu einer regelrechten Euphorie hinsichtlich einer unmittelbar bevorstehenden Einführung des solaren Wasserstoffs als Energieträger (9). Diese Euphorie ist nicht berechtigt. Und zwar aus mehreren Gründen nicht: Die Erzeugung von Wasserstoff aus solaren Quellen kommt sehr teuer. Wasserstoff wird zurzeit überwiegend aus Erdgas gewonnen. Der so erzeugte Wasserstoff, der auch in den Pilotversuchen mit Brennstoffzellen zum Einsatz kommt, ist zwar wesentlich billiger als solar erzeugter Wasserstoff, doch würde eine Energiekette, die auf Wasserstoff aus Erdgas setzt, die gleichen Probleme nach sich ziehen, die generell für die fossilen Energieträger gelten.

Ein weiterer Gesichtspunkt, der in den Diskussionen um Wasserstoff meist verschwiegen wird, ist die große Flüchtigkeit dieses Elements. Wasserstoff kommt in der Natur fast nur in Verbindungen vor, wie beispielsweise in Wasser oder in Kohlehydraten. Reiner Wasserstoff, der bei technischen Prozessen entweicht, steigt in der Atmosphäre ob seines geringen Gewichtes auf und kann sich in das Weltall verflüchtigen. Wasserstoff ist das häufigste Element im Weltall. Vor der großflächigen Einführung der Wasserstoffwirtschaft wird daher genau zu prüfen sein, ob dabei Verluste von Wasserstoff auftreten, die mengenmäßig für die fernere Zukunft ins Gewicht fallen.

Die Spaltung von Wasser in Wasserstoff und Sauerstoff ist ein Vorgang, der auch in der Natur vorkommt, und zwar bei der Photosynthese der grünen Pflanze. Bei diesem Prozess in der Natur entweicht allerdings kein Wasserstoff in die Außenwelt. Auch dieser Aspekt spricht für die besondere Bedeutung der Biomasse als Energiespeicher.

Trotz dieser Einwände bietet Wasserstoff als Energieträger eine Reihe von Vorteilen. Das faszinierende am Wasserstoffkonzept ist der geschlossene Kreislauf. Während bei der fossilen Energiewirtschaft auf Kohlenstoff, der vor hunderten Millionen Jahren in Lagerstätten deponiert wurde und nicht mehr Teil des aktuellen Stoffkreislaufes ist, zurückgegriffen wird, baut die Wasserstoffwirtschaft auf dem aktuellen Wasserkreislauf der Erde auf. Zunächst wird unter Verwendung von Sonnenenergie Wasserstoff und Sauerstoff aus Wasser oder biogenen Gasen gewonnen. Diese Elemente werden dann wiederum unter Energieabgabe zu Wasser vereinigt und das Wasser in den Wasserhaushalt zurückgegeben. Es entstehen keine Schadstoffe. Dieser Prozess der Reaktion des Wasserstoffes mit Sauerstoff unter Energieabgabe erfolgt in katalytischen Heizern, wenn Wärme gewonnen werden soll, in Brennstoffzellen, wenn Strom und Wärme gewonnen werden sollen oder in Turbinen oder Motoren, wenn es um Antriebskraft geht.

Wasserstoff ist ein farb- und geruchloses Gas und das leichteste aller chemischen Elemente mit einem Atomgewicht eins (Anhang I, Tabelle 7) Seine chemische Reaktionsfähigkeit ist gering. Energetisch gesehen, hat Wasserstoff besondere Eigenschaften: Der Energieinhalt von einem Normkubikmeter Wasserstoff beträgt 3,5 Kilowattstunden und liegt damit bei einem Drittel des Erdgases. Der große Volumsbedarf zur Speicherung von Wasserstoff wirft daher im Automobilbau besondere Probleme auf. Ein Ausweg bietet sich in der Verflüssigung von Wasserstoff, denn flüssiger Wasserstoff enthält immerhin ein Drittel der Energiemenge fossiler Treibstoffe. Allerdings ist die Verflüssigung mit einem zusätzlichen Energieaufwand und daher mit zusätzlichen Kosten verbunden.

Da Wasserstoff das größte Diffusionsvermögen aller Elemente hat und verschiedene Metalle große Mengen Wasserstoff in ihr Atomgitter einbauen, wird versucht, Metalle und verschiedene andere chemische Verbindungen zur Speicherung von Wasserstoff einzusetzen. Auf diese Weise will man speziell beim Autobau mit geringeren Tankvolumina zu ausreichenden Kapazitäten kommen.

In einer künftigen solaren Wasserstoffwirtschaft würde in erster Linie Wasser als Rohstoff dienen. Mittels elektrolytischer Zerlegung des Wassers würde Wasserstoff und Sauerstoff gewonnen werden. Zur Elektrolyse sind große Mengen Strom notwendig. Der Wirkungsgrad der Elektrolyse liegt bei 70 bis 75 Prozent. Dazu kommt der Energieaufwand für die Verflüssigung, sodass zur Herstellung jener Wasserstoffmenge, die den gleichen Energieinhalt hat wie ein Liter Benzin, 14 bis 18 Kilowattstunden Strom notwendig sind. Selbst wenn man besonders günstige Formen der Stromerzeugung aus erneuerbaren Quellen annimmt, kommt die Erzeugung jener Wasserstoffmenge, die energetisch einem Liter Benzin entspricht, um ein Mehrfaches teurer als Benzin oder biogene Kraftstoffe. Auch wenn man berücksichtigt, dass der Einsatz von Brennstoffzellen den Wirkungsgrad der Autos gegenüber den Verbrennungsmotoren deutlich erhöht, ist derzeit die ökonomische Attraktivität von Wasserstoff noch nicht in Sicht. Daher ist damit zu rechnen, dass die nächsten Jahre und Jahrzehnte vor allem dazu genutzt werden, um die Technologien der Wasserstoffwirtschaft zur Praxisreife zu entwickeln.

Ein Blick auf die nächsten 25 Jahre

Ausgehend von den heute erprobten und verfügbaren Technologien und von jenen, die derzeit gerade am Beginn ihrer kommerziellen Entwicklung stehen, lässt sich skizzieren, wie die Entwicklung in den nächssten Jahrzehnten ablaufen könnte.

In einer ersten Phase von 2000 bis 2025 wird es vor allem um die Implementierung der heute erprobten Techniken und um die Entwicklung der vorhin beschriebenen neuen technologischen Ansätze gehen.

Zur Deckung des Strombedarfes aus solaren Quellen ist neben dem Ausbau der Wasserkraft vor allem mit einem dynamischen Ausbau der Windenergie und Stromerzeugung aus Biogas zu rechnen. Auch mit der schrittweisen Markteinführung neuer, in Erprobung befindlicher Technologien für die Stromerzeugung aus fester Biomasse in kleineren Einheiten ist zu rechnen. Die Stromerzeugung aus Biomasse in großen Einheiten auf Basis des Dampfprozesses ist fester Bestandteil der aktuellen Technik. Die Photovoltaik wird ebenfalls an Bedeutung gewinnen.

Für die Deckung des Wärmebedarfes, auf den etwa 50 Prozent des gesamten Energiebedarfes entfallen, bieten sich in erster Linie verschiedene Formen der Biomasse und die Sonnenkollektoren an. Für diese Entwicklungslinie spricht nicht nur die technische Reife, sondern auch die weitgehende Wettbewerbsfähigkeit der Biomasse als Energieträger für den Wärmemarkt.

Alkohole und Methylester werden innerhalb der nächsten 20 Jahre aller Wahrscheinlichkeit nach die wichtigsten erneuerbaren Treibstoffe bleiben. Neue Treibstoffe aus Biomasse werden vielleicht dazukommen. Gleichzeitig ist zu erwarten, dass Erdgas als Energieträger für den Verkehr zunehmend wichtiger werden wird. Dies bietet auch neue Chancen für den Einsatz von Biogas. Die Entwicklungen zur Wasserstoffwirtschaft – Brennstoffzelle, Autos mit Wasserstoffantrieb oder Methanol – werden weitergehen – ohne allzu große Marktbedeutung zu erlangen.

Die Periode 2025 bis 2075

In der Periode von 2025 bis 2075 wird voraussichtlich der Einsatz von Wasserstoff an Bedeutung gewinnen, und zwar in erster Linie im Verkehrsbereich. Dies wird allerdings auch davon abhängen, wann es gelingt, die Stromerzeugung aus erneuerbaren Energieträgern so weit auszubauen, dass genügend Strom aus solaren Quellen zur Elektrolyse im großen Umfang vorhanden ist.

Bis 2050 könnten erneuerbare Energieträger den Strom- und Wärmebedarf Österreichs weitgehend decken.

Detaillierte Überlegungen über die Struktur der solaren Energiewirtschaft nach dem Jahre 2050 derzeit anzustellen, ist schwierig. Allerdings führen schon die bisherigen Überlegungen für die nächsten 50 Jahre zu wichtigen Schlussfolgerungen für die Lenkung der Investitions- und Entwicklungstätigkeit in den unmittelbar vor uns liegenden Jahren. Der rasche Ausbau der Stromerzeugung aus solaren Quellen mit dem Ziel, innerhalb der nächsten 50 Jahre eine weitgehende Vollversorgung zu erreichen, ist auf alle Fälle der richtige Weg. Dazu ist die Forcierung aller Formen der Stromerzeugung, vor allem Wasserkraft, Windenergie und Biomasse, notwendig.

Ebenso erscheint es richtig und vordringlich, im Wärmebereich den Ausbau der Bioenergie und der Solarkollektoren voranzutreiben und gleichzeitig den Einsatz von Strom zur Erzeugung von Wärme und Warmwasser schrittweise durch Bioenergie und Solarkollektoren zu substituieren, da in Zukunft Strom als besonders hochwertiger Energieträger dringend benötigt werden wird.

Aus diesen Überlegungen folgt, dass eine Forcierung der Wärmepumpe, noch dazu mit Steuergeldern, kontraproduktiv ist, jedenfalls so lange, bis es in Österreich einen Überschuss an solarer Stromerzeugung gibt. Angesichts der langen Vorlaufzeiten für eine Wasserstoffwirtschaft werden Biotreibstoffe weiter eine wichtige Überbrückungsrolle spielen.

Zeitbedarf

Die Erfahrungen zeigen, dass neue Entwicklungen von der Entdeckung bis zur Marktreife in der Regel zehn, 20 oder mehr Jahre benötigen. Die Zeitperiode von der Marktreife bis zum Erreichen nennenswerter Marktanteile durch neue Energietechnologien erfolgt wiederum in Jahrzehnten. Daraus kann man ableiten, dass die solaren Energieformen, die in 50 Jahren eine marktbestimmende Rolle spielen werden, heute schon bekannt sind. Nachdem sowohl Entwicklung wie Markteinführung neuer Energieformen einen so großen Zeitbedarf haben, muss man sich die Frage stellen, ob unsere Gesellschaft diese Zeitspanne für einen friedlichen und allmählichen Umstieg auf diese solaren Energieformen überhaupt noch zur Verfügung hat. Dies hängt einerseits von den Fragen der Erderwärmung, aber ebenso von, den tatsächlichen Vorräten fossiler Energie ab, über die es keine genauen Auskünfte gibt.

Diese Gesichtspunkte unterstreichen den Standpunkt, dass es für den konsequenten strategisch geplanten Einstieg in die solare Energiewirtschaft eigentlich fast schon zu spät ist und jedenfalls kein Jahr mehr ohne klare, strategische Entscheidungen in diese Richtung verloren gehen dürfte. Dies führt zur Frage nach den notwendigen Rahmenbedingungen für den Aufbau einer nachhaltigen Energieversorgung auf breiter Basis.

7

Rahmenbedingungen für die
solare Energiewirtschaft

Die bisher entwickelten Zusammenhänge sprechen für den sofortigen systematischen Aufbau der solaren Energiewirtschaft. Doch die Wirklichkeit sieht anders aus. In vielen Ländern der Welt steigt der Energieverbrauch. Gleichzeitig geht der Anteil erneuerbarer Energieträger zurück, während der Einsatz von Kohle, Öl und Gas, teilweise auch von Kernenergie, zunimmt. Trotz aller Informationen über Klimaproblematik und mögliche Versorgungsengpässe ist die Welt derzeit weit von einem breiten Einstieg in die zweite solare Zivilisation entfernt. Auch in Österreich sind der Verbrauch fossiler Energieträger und parallel damit die Kohlendioxid-Emissionen seit 1980 jährlich um etwa ein Prozent gestiegen (siehe Anhang I, Tabelle 1 und 3).

Ein Grund für diese Dominanz der nicht erneuerbaren Energieträger ist die allgemeine Unwissenheit über die künftigen Perspektiven der fossilen Energiewirtschaft. Dazu kommt die Erfahrung, dass die Energieversorgung in der Vergangenheit reibungslos funktioniert hat, und die Erwartung, dass das auch in Zukunft so sein wird.

. Ein anderer Grund für die relative Stagnation mancher solarer Energieträger ist die wirtschaftliche Überlegenheit der fossilen und nuklearen Energieformen gegenüber solaren Alternativen. In unserer heutigen, von kurzfristigen ökonomischen Analysen geprägten Zeit ist Wettbewerbsfähigkeit besonders wichtig. Solare Energieformen, die teurer sind als herkömmliche, haben wenig Chancen auf dem Markt. Längerfristige Zusammenhänge bleiben bei kurzfristigen marktwirtschaftlichen Analysen auf der Strecke. Außerdem glauben viele Menschen nicht, dass solare Energieformen tatsächlich einmal den Energiebedarf decken können. Sie messen daher aus diesem Grund neuen Entwicklungen keine besondere Bedeutung zu. Dazu kommt, dass die Vertreter der fossilen Energiewirtschaft in vielfältiger Weise die öffentliche Meinung in der Auffassung bestärken, dass das bestehende Energiesystem auf Jahrzehnte hinaus problemlos weiter funktionieren wird.

Diese aufgezeigten Hindernisse existieren, sie lassen sich jedoch überwinden. Dabei ist zunächst zu bedenken, dass die heute etablierten nuklearen und fossilen Energieträger ihre Wettbewerbsfähigkeit auch nicht ohne staatliche Unterstützung erreicht haben, sondern im Gegenteil massiv finanziell unterstützt wurden und auch noch werden. Die Atomenergie wurde erst kommerziell nutzbar, nachdem viele Jahre riesige Forschungsbeträge in die Entwicklung zuerst der militärischen und dann der friedlichen Nutzung gelenkt wurden. Auch heute noch wird die Atomenergie aus öffentlichen Budgets finanziell unterstützt. Dazu kommt, dass die Allgemeinheit die Umweltrisiken der Atomkraftwerke übernimmt und die Rückstellungen für diese Risiken nicht in die Kostenrechnung des Atomstromes eingehen. Die Kohleindustrie wird auch heute noch in einigen Ländern subventioniert, der Ausbau der Gas- und Ölleitungen staatlich gefördert. Dazu kommt, dass negative Effekte der fossilen Energiewirtschaft auf die Umwelt, etwa in Form der Erderwärmung und der Klimakatastrophen, in die Kostenrechnung dieser Energiesysteme nicht eingehen.

Es liegt auf der Hand, dass der Aufbau neuer Solarenergiesysteme angesichts der Dominanz der etablierten Energieträger nur gelingen kann, wenn der Staat dazu innerhalb des bestehenden marktwirtschaftlichen Systems entsprechende Rahmenbedingungen schafft. Dabei ist auf eines besonders zu achten:

Die Energiewirtschaft besteht nicht nur aus einigen Kraftwerken und Raffinerien, sondern aus der Unsumme von Anlagen, die der Umwandlung von Primärenergie in die gewünschte Nutzenergie dienen:

- Heizkessel, die Öl oder Gas verbrennen, um Wärme zu erzeugen,
- Glühbirnen, die Strom benötigen, um Licht zu liefern,
- Autos, die diese Treibstoffe in Mobilität umsetzen, etc.

Diese Energieumwandler, Millionen an der Zahl, befinden sich in Händen von Privatpersonen, von Wirtschaftsbetrieben und öffentlichen Einrichtungen. Jedes Wärmesystem eines Hauses, jedes Beleuchtungssystem, jedes Auto, jedes Bürogebäude, jedes Kraftwerk, jede Raffinerie fungiert als Energieumwandler. Es geht darum, die Betreiber dieser vielen Energieanlagen zu motivieren, auf solare Energieformen zu setzen und die gewünschten Energiedienstleistungen so effizient wie möglich bereitzustellen. Dabei ist zu beachten, dass solare Energiesysteme wesentlich stärker dezentral organisiert sind als fossile oder nukleare. Die vielen dezentralen Entscheidungsträger werden umso eher auf solare Energieformen umsteigen, je größer der für sie damit erzielbare ökonomische Vorteil ist.

Die wichtigste öffentliche Aufgabe bei der Entwicklung der solaren Energiewirtschaft liegt daher in der Schaffung von Rahmenbedingungen, die sicherstellen, dass der individuelle Energieverbraucher – Privatperson oder Unternehmer – einen deutlichen wirtschaftlichen Vorteil hat, wenn er statt auf fossile auf solare Energieformen setzt (10).

Eine weitere, wichtige öffentliche Aufgabe liegt auf dem Gebiet der Bewusstseinsbildung, Aufklärung, Schulung und Öffentlichkeitsarbeit. Schließlich sind auch Aktivitäten notwendig, die den Aufbau der solaren Industrie unterstützen, wie Finanzierungskonzepte, Ausbau der Forschung sowie Programme, die privates Kapital für den Aufbau der solaren Energiewirtschaft mobilisieren.

Zur Schaffung dieser ökonomischen Rahmenbedingungen bieten sich insbesondere folgende Instrumente an:

a. Die Steuerpolitik

Die Steuerpolitik im Dienste der solaren Energiewirtschaft ist das wichtigste Instrument. Das hängt mit dem marktwirtschaftlichen System zusammen. In einer Marktwirtschaft gilt das Gesetz von Angebot und Nachfrage: Bei steigenden Preisen sinkt die Nachfrage und umgekehrt. Wenn der Staat daher einen Rückgang des Verbrauches fossiler Energieträger erreichen will, so ist die Anhebung der Preise für fossile Energieträger durch höhere Steuern der naheliegendste Weg. In einem Land wie Österreich, in dem die Abgaben und Steuern auf Arbeit etwa 30-mal so hohe Einnahmen bringen wie die Steuern auf fossile Energieträger, ist eine solche Steuerumschichtung besonders naheliegend. Das Thema wird daher auch in den Überlegungen zu einer nachhaltigen Entwicklung in Österreich angesprochen (12).

Die Aufgabe der Steuerpolitik beim Aufbau der solaren Energiewirtschaft besteht darin, fossile und nukleare Energieträger schrittweise höher zu besteuern, solare Energieformen von dieser Steuer auszunehmen und gleichzeitig die zusätzlichen Steuereinnahmen zur Senkung anderer Abgaben und Steuern zu verwenden. In manchen Ländern werden diese erhöhten Abgaben auf fossile Energie als CO_2-Steuern oder Schadstoffsteuern bezeichnet. Mit den Erlösen aus diesen Steuern werden die individuellen Beiträge zur Sozialversicherung oder die Lohnnebenkosten reduziert. Wie auch immer diese Steuern heißen, ob Energiesteuern, CO_2-Steuern oder Ökologiesteuern, die Namen sind Schall und Rauch. Entscheidend ist, dass die fossilen Treib- und Brennstoffe höher belastet werden. Länder wie Dänemark und Schweden setzten bei der Besteuerung fossiler Brennstoffe schon vor Jahren klare Signale, Deutschland und England wurden zu den Trendsettern bei der Besteuerung fossiler Treibstoffe. Österreich wird auf diesem Gebiet immer mehr zum europäischen Nachzügler. Die Wirksamkeit dieser Lenkungsinstrumente wird durch die dynamische Entwicklung der Biobrennstoffe in Schweden und der Biotreibstoffe in Deutschland bewiesen.

b. Investitionszuschüsse

Ein zweites Instrument ist die Unterstützung der Investitionen in erneuerbare Energiesysteme durch staatlich finanzierte Investitionszuschüsse. Dieses Instrument ist deswegen erfolgreich, weil jede Änderung im Energiesystem, sei es nun in privaten Häusern, in Unternehmen, in der Stromerzeugung oder in der Wärmedämmung, mit Investitionen verbunden ist. Denn selbst wenn die laufenden Betriebskosten mit solaren Energieformen schon heute billiger sind als bei der Verwendung fossiler Energieträger, so scheitert der Umstieg auf solare Systeme oft am Kapitalmangel. Dieses Instrument der Investitionshilfen wurde in Österreich erfolgreich beim Aufbau der Biomasse-Fernwärmenetze, bei Solaranlagen und Pelletsheizungen eingesetzt.

c. Ordnungspolitik

Ein drittes wichtiges Instrument für den Aufbau der solaren Energiestruktur sind staatliche Normen in Form von Gesetzen und Verordnungen, die bestimmte Handlungen verbieten oder verpflichtend vorschreiben. Als Beispiele dafür seien genannt:

- Bauvorschriften über den Wärmebedarf
- Kennzeichnung des Verbrauchs von Elektrogeräten

- Beimischungsverpflichtungen für Biotreibstoffe
- Mindestquoten für Ökostrom
- Bauvorschriften zur Warmwasserbereitung durch Solarkollektoren
- Normen für Treibstoffe
- Ausweisung von Flächen für Windparks
- Gemeindevorschriften für solare Heizsysteme
- Bauverbot für neue Gasleitungen

Normengeber werden je nach Thema Gemeinden, Länder oder der Bund sein.

Es liegt auf der Hand, dass solche legistischen Maßnahmen umso eher akzeptiert werden, je größer die Einsicht bei der Bevölkerung in die Notwendigkeit des Umstieges auf die solare Energiewirtschaft ist. Auch daher sind die Aktivitäten zur öffentlichen Bewusstseinsbildung von besonderer Bedeutung.

d. Aufbau der Solarindustrie

Der vierte Schwerpunkt der öffentlichen Hand liegt in den Weichen-stellungen zur Sicherung des Anbotes an erneuerbarer Energie. In vielen Fällen sind es vor allem kleinere und mittlere Unternehmen, die Anlagen zur Nutzung von erneuerbaren Energien erzeugen (Solarkollektoren, Pel-letskessel etc.). Gezielte industriepolitische Maßnahmen sollten diese Unternehmen dabei unterstützen, die erforderlichen Wachstumsschritte erfolgreich zu bewältigen. Dies nicht zuletzt auch deswegen, weil damit bedeutende Wachstumsprozesse für die österreichische Volkswirtschaft geschaffen werden. Diese industriepolitischen Initiativen sind natürlich durch eine angepasste Forschungspolitik zu ergänzen. Aber nicht nur Industrie und Gewerbe, sondern auch die Forstwirtschaft braucht diese umfassende Unterstützung, um durch Weiterentwicklung der Logistik und Technik der Holzernte und Holzbringung die Effizienz zu verbessern und die Rohstoffaufbringung auf nachhaltige Weise zu sichern. Wo schon starke Industrien etabliert sind, wie beispielsweise in der Windenergie, erübrigen sich solche Bemühungen.

Diese Überlegungen zeigen, dass dem öffentlichen Bereich beim Auf-bau der solaren Strukturen eine Schlüsselrolle zukommt. In Österreich haben das bisher vor allem die Länder und viele Gemeinden erkannt und in anerkennenswerter Weise viele Initiativen zur Entwicklung der erneuerbaren Energien gesetzt. Auf Bundesebene wurde im Wesentlichen auf Vorgaben aus Brüssel reagiert, in den letzten Jahren wurden jedoch keine eigenständigen, neuen Initiativen zur Entwicklung der erneuerbaren Energien gesetzt. Wenn in Zukunft auch die Bundesebene die Rahmenbedingungen für die solaren Energieformen verbessert, so könnte binnen weniger Jahre in Österreich eine solare Wachstumsindustrie mit weltweiter Technologieführerschaft entstehen, die zahlreiche Arbeitsplätze schafft. Dabei gilt es immer zu bedenken: Marktwirtschaft ist die beste Wirtschaftsform, um die solaren Energieformen zu entwickeln. Doch die Politik muss die Rahmenbedingungen für die Märkte so setzen, dass sich der Aufbau einer nachhaltigen Energiewirtschaft für die Unternehmen und die Haushalte lohnt (10).

8
Weltweite Koordination oder Erfolg durch Pionierländer

In der Wirtschaft ist jeder Unternehmer bemüht, möglichst als Erster neue Produkte auf den Markt zu bringen, neue Märkte zu erschließen oder neue Technologien zur Senkung der Kosten anzuwenden, weil spätestens seit Joseph Alois Schumpeter bekannt ist, dass dadurch die Chance besteht, besonders hohe Gewinne zu erzielen. Gewinne, die eben nur den Unternehmen winken, die als Pioniere tätig sind.

Wie gut diese Theorie von den hohen Gewinnchancen der Pionierunternehmer auf ganze Staaten im Hinblick auf ihre Vorgangsweise bei der Forcierung der neuen Energieträger übertragen werden kann, zeigen einige Beispiele der jüngeren Vergangenheit. Dänemark und Deutschland waren jene Länder, die schon in den 80er- und 90er-Jahren konsequent wirtschaftlich interessante Rahmenbedingungen für die Stromerzeugung aus Wind geschaffen haben; mit dem Ergebnis, dass sich in diesen Ländern die Stromerzeugung aus Wind nicht nur besonders rasch entwickelt hat, sondern dass heute die in Dänemark und Deutschland entwickelte Technologie zur Stromerzeugung aus Wind in die ganze Welt exportiert wird. Ähnliche, wenn auch bescheidenere Erfahrungen haben jene österreichischen Firmen gemacht, die in den letzten Jahren die Verbrennungstechnologie für Biomasse in Kleinfeuerungsanlagen zu einem Spitzenstandard entwickelt haben und die diese Produkte heute ebenfalls weltweit verkaufen können. Ähnliches gilt für eine Reihe österreichischer Unternehmen der Solarbranche.

Aus den allgemeinen Erfahrungen über die Einführung von Neuerungen in unser Wirtschaftssystem, aus den Beispielen, die aus dem Energiebereich aus den letzten Jahren vorliegen, lässt sich der Schluss ziehen, dass der breite Umstieg auf solare Energieformen von einzelnen Staaten ausgehen wird, deren Führung die Notwendigkeit zu einem solchen Schritt erkennt und die diese Umstellung zu einer nationalen Aufgabe macht. Sobald es den Verantwortungsträgern eines Landes gelingt, die Bevölkerung von dieser Neuordnung der Energieversorgung zu überzeugen und den Ausbau der solaren Energiewirtschaft zu einem echten

Schwerpunkt der Energiepolitik zu machen, wird ein solches Land durch sein Beispiel auch in vielen anderen Ländern jene Kräfte und Bewegungen stärken, die sich für den konsequenten Aufbau der solaren Energiewirtschaft einsetzen.

Gegenüber diesem gedanklichen Ansatz muss man allerdings beobachten, dass gerade aus Kreisen der Wirtschaft und Politik immer wieder der Einwand kommt, dass solche Schritte, wie eben beschrieben, nur im internationalen Gleichklang erfolgen können. Dieses Argument kommt aus der Märchenwelt der Fossilwirtschaft, die danach strebt, dass sich möglichst lange nichts ändern soll. Um diese Beibehaltung des Status quo zu sichern, ist der Hinweis auf den internationalen Gleichklang ein besonders willkommenes Argument.

Wer sich daher beim Aufbau der solaren Energiewirtschaft auf den internationalen Gleichklang beruft, könnte gleich sagen, dass Österreich auf diesem Gebiet erst tätig werden sollte, wenn es die OPEC-Länder gestatten. Die Richtigkeit dieser These wurde auf dem Umweltgipfel in Johannesburg wieder einmal bestätigt: Die Europäische Union und einige andere Länder versuchten in den Verhandlungen im September 2002 verbindliche Mengenziele für den weltweiten Ausbau der erneuerbaren Energieträger durchzusetzen. Dazu berichtet die „Financial Times" (11):

„In der größten Konfrontation, die auf diesem Gipfel für nachhaltige Entwicklung stattfand, wiesen die USA und die Öl exportierenden Länder der OPEC alle Kompromissvorschläge der Europäischen Union über neue Ziele zur Verringerung des Einsatzes fossiler Energieträger zurück."

Daher gab es zu dieser Frage keinen internationalen Gleichklang. Wer sich auf dieses Argument beruft, gibt seine Entscheidungsfreiheit auf und unterwirft sich den Interessen der weltweiten Lobby der fossilen Energiewirtschaft. Das sollten jene bedenken, die diese Argumente verwenden.

In der öffentlichen Diskussion hat sich in letzter Zeit eine große Diskrepanz zwischen dem Inhalt einer Botschaft und der Worthülse, in der sie verpackt wird, entwickelt. Der Hinweis auf den internationalen Gleichklang liefert dazu ein gutes Beispiel:

Kein prominenter Vertreter einer wichtigen Interessensgruppe wird öffentlich verlangen, dass Österreich bei der Einhaltung des Kyoto-Vertrages, bei der Entwicklung erneuerbarer Energieträger, Schlusslicht in Europa sein sollte. Wenn er dagegen erklärt, alle diese Maßnahmen sind notwendig, aber eben nur im internationalen Gleichklang, so werden viele ob der vermeintlichen Weisheit dieser Argumentation nicken, weil sie nicht durchschauen, dass diese Argumentation darauf hinausläuft, dass Österreich so lange nichts unternehmen solle, bis alle Länder einer bestimmten Aktivität zustimmen. Damit aber bestimmt der Langsamste das Tempo. Jeder, der sich an den Langsamsten anhängt, wird zum Träger des Schlusslichtes. Wer also meint, Österreich soll sich bei der Entwicklung der erneuerbaren Energieträger an den Langsamsten orientieren und diese Meinung hinter dem Argument von dem internationalen Gleichklang verpackt, findet oft Zustimmung. Wer diese Ansicht gleich offen ausspricht, wird kritisiert. Wer die solare Energiewirtschaft voranbringen will, darf nicht in diese Art von Argumentationsfallen hineintappen. Es kommt eben nicht auf die Worthülsen an, sondern auf die Botschaft, die dahinter steckt.

Es überrascht, dass diese Argumentation gerade aus Kreisen der Wirtschaft häufig zu hören ist, wo doch bekannt ist, dass kein Unternehmen eine technologische Neuerung oder ein neues Produkt erst dann einführt, wenn dazu ein internationaler Gleichklang hergestellt worden ist. Ganz im Gegenteil. Viele Unternehmungen versuchen, Neuentwicklungen für sich zu behalten, solange es möglich ist, um dann auf dem Markt möglichst lang eine Vorreiterrolle zu spielen.

Die Sorge einzelner energieintensiver Industriesparten, die befürchten, durch eine Forcierung der solaren Energiewirtschaft im internationalen Wettbewerb einen Nachteil zu haben, kann leicht ausgeräumt werden, indem für diese Wirtschaftssparten von vornherein Ausnahmen von hohen Energiesteuern vorgesehen werden, die kompatibel mit dem EU-Recht sind. Es wäre jedoch ein Kardinalfehler, wegen möglicher Ausnahmen für zehn Prozent der Energieverbraucher auf die systematische Umstellung des Energiesystems zu solaren Formen im Bereich von 90 Prozent des Energieverbrauches zu verzichten.

Natürlich wird es bei diesen Neuausrichtungen der Energiewirtschaft, so wie bei jeder anderen größeren strukturellen Veränderung in der Wirtschaft, Gewinner und Verlierer geben. Gewinner sind alle jene Unternehmen, die diese neuen Technologien produzieren – also die Hersteller von photovoltaischen Zellen, von Sonnenkollektoren, von Windenergieanlagen, von Turbinen und Anlagen für die Stromerzeugung aus Wasserkraft, von Holzkesseln, Warmwasserspeichern, Biogasanlagen, Ethanolfabriken, die Lieferanten von Brennholz, Hackgut, Pellets usw. Gewinner sind auch alle Handwerker, die die neuen Energietechniken installieren, und natürlich die gesamte Volkswirtschaft, die weniger fossile Energie importiert und auf eine Energieversorgung aus dem Inland setzt.

Verlierer sind jene Unternehmenszweige, die im Geschäft mit den fossilen Energien stehen und nicht rechtzeitig auf die neuen zukunftsweisenden Energieformen umsteigen.

Am Beginn des Aufbaues der solaren Energiewirtschaft stehen sich diese beiden Gruppen gegenüber wie David und Goliath. Denn nach 200 Jahren fossiler Energiewirtschaft verfügen die Anhänger der fossilen Energiewirtschaft über großes Kapital, über weitreichenden Einfluss und über viele Möglichkeiten, dank der verfügbaren finanziellen Mittel die öffentliche Meinung zu beeinflussen und auf diese Art und Weise wirksamen Lobbyismus für die fossile Energiewirtschaft zu betreiben. Ihnen gegenüber wirken die Anhänger der solaren Energiewirtschaft wie Zwerge, die wenig Geld, wenig Kapital und wenig Erfahrung haben und die sich nur auf die Richtigkeit ihrer Ideen für die Gestaltung einer friedlichen Zukunft stützen können.

Diese ungleiche Ausgangssituation erschwert den Neueinstieg und erklärt, dass immer wieder Argumente wie jene vom internationalen Gleichklang manchen Entscheidungsträgern einen billigen Vorwand liefern, um den Status quo zu verteidigen und um vor den Herausforderungen der Zukunft die Augen zu verschließen. Es muss uns klar werden, dass der Aufbau der solaren Energiewirtschaft nicht von der UNO beschlossen und umgesetzt wird, sondern dass es darauf ankommt, dass einzelne Gemeinden, einzelne Länder, einzelne Staaten bewusst eine Pionierrolle übernehmen und auf diese Weise die Entwicklung weiterbringen. Damit soll die internationale Kooperation nicht abgewertet werden; sie ist in vielfältiger Weise notwendig, doch sie darf nicht davon ablenken, dass der Umbau des Energiesystems vor Ort zu erfolgen hat.

9
Österreich als Pionierland der solaren Energiewirtschaft

Viele Einsichten und Erfahrungen sprechen dafür, dass ein Land, das sich heute konsequent für den schrittweisen Umstieg auf die solare Energiewirtschaft entscheidet, nicht nur für sich zahlreiche Vorteile sichern, sondern auch einen wichtigen Beitrag zur weltweiten, friedlichen Entwicklung leisten könnte. Dazu kommt, dass nur ein solares Energiesystem den Grundsätzen der Nachhaltigkeit voll entspricht, wie sie sowohl im Brundtland-Report wie auch in den Beschlüssen des Europäischen Rates von Göteborg festgelegt wurden (13).

Österreich bietet sich als Pionierland in der Entwicklung der solaren Energiewirtschaft aus mehreren Gründen an. Der Anteil der erneuerbaren Energieträger in Form von Wasserkraft, Biomasse und Solarkollektoren ist international gesehen überdurchschnittlich hoch und erreichte im Durchschnitt der letzten Jahre etwa 25 Prozent des Primärenergieaufkommens. Damit hat Österreich eine exzellente Ausgangsposition für den weiteren Ausbau der solaren Option. Da die auf Österreich einfallende Sonnenenergie etwa 250 mal so groß ist wie der Energiebedarf, ist das Potenzial für den Aufbau einer vollsolaren Energieversorgung mehr als ausreichend vorhanden. Dazu kommt, dass die Bevölkerung in weiten Teilen des Landes in hohem Maße für den Ausbau der solaren Energiewirtschaft aufgeschlossen ist. Dies zeigen nicht nur viele lokale Initiativen, seien es nun der Bau von Solarkollektoren, die Errichtung von Biomassenahwärmenetzen, der Bau von Kleinwasserkraftanlagen oder die steigende Zahl der Biogasanlagen, sondern auch die vielen Klimaschutzgemeinden, die sich bemühen, die Treibhausgasemissionen besonders rasch zu reduzieren. Dazu kommt, dass die überwiegende Mehrheit der österreichischen Bevölkerung die Atomenergie ablehnt und daher anderen neuen Energieformen von vornherein aufgeschlossener gegenübersteht.

Angenommen, Österreich entscheidet sich für einen Weg in die solare Energiewirtschaft mit der Absicht, bis zum Ende dieses Jahrhunderts unabhängig von Öl und Gas zu werden, wie müsste dann zu Mitte dieses

Jahrhunderts der Umgang mit Energie aussehen? Was würde dieses Vorhaben für den persönlichen Lebensstil bedeuten?

Der persönliche Lebensstil

Das Wohnhaus der Zukunft wird durch Biomasse, Fernwärme oder Solarkollektoren geheizt. Öl- und Gasheizungen, ebenso wie Elektroheizungen und Wärmepumpen, sind out. Wärmedämmung und Niedrigenergiehäuser bestimmen das Baugeschehen. Der Bau Energie fressender Bürotürme ohne Solarenergie ist schon längst verboten. Die Warmwasserbereitung erfolgt durch Solarkollektoren im Sommerhalbjahr und im Winter durch die Kombination mit dem Heizsystem. Im Haus gibt es nur Energiesparlampen und Strom sparende Elektrogeräte. In vielen Wohnhäusern stehen Minikraftwerke, die mit Hilfe neuer Technologien aus Holz Strom und Wärme erzeugen.

Der Treibstoffverbrauch der Autos liegt deutlich unter dem derzeitigen Durchschnitt. Den Treibstoffen selbst sind Biotreibstoffe in Form von Alkoholen oder Methylestern beigemischt. Daneben gibt es auch Fahrzeuge, die nur mit Alkohol oder Biodiesel fahren, Erdgas oder Biogas einsetzen und Fahrzeuge, die Wasserstoff als Antriebsmittel verwenden. Darüber hinaus wird man sich daran gewöhnt haben, dass auf vielen, gut ausgewählten und günstigen Standorten Windkraftanlagen stehen und in einer Reihe von Ortschaften Biogasanlagen arbeiten, die der Strom- und Wärmeversorung dienen. Im persönlichen Verhalten wird für kurze Distanzen das Auto durch das Fahrrad, den Spaziergang oder auch das öffentliche Verkehrsmittel ersetzt werden.

Energieunternehmen und Wirtschaftsbetriebe

Kalorische Kraftwerke, die mit Öl, Gas oder Kohle arbeiteten, sind stillgelegt. Die Stromerzeugung ist in einem hohem Maße dezentralisiert. Eine Vielzahl von kleinen und größeren Wasserkraftwerken, Windturbinen, Biogas- und Holzverstromungsanlagen, photovoltaische Zellen, Kraft-Wärme-Kopplungsanlagen auf Holzbasis und einige Solarkraftwerke, die österreichische Unternehmen im Süden Europas oder Norden Afrikas errichtet haben, sichern die Stromversorgung, ergänzt durch einige kalorische Kraftwerke auf Holz- oder Strohbasis zum Lastausgleich. Die Öl- und Gasfirmen haben mittlerweile ihre Investitionsprogramme zur Erschließung neuer Vorräte längst eingestellt. Sie sind teilweise von der Bildfläche verschwunden, weil sie den Umstieg auf die solare Energiewirtschaft verschlafen haben, andere nehmen eine führende Rolle im solaren Energiegeschäft ein, weil sie rechtzeitig ihre Investitionsströme in diese Richtung gelenkt haben. Viele Erdgasleitungen liegen ungenutzt im Boden, andere werden zum Transport von Biogas verwendet. Rückblickend wird man sich fragen, warum zu Beginn des 21. Jahrhunderts noch so viel Geld in fossile Energieketten investiert wurde, obwohl dieser Paradigmenwechsel schon absehbar war.

In den Wirtschaftbetrieben wird Energieeffizienz das Grundprinzip der Produktionsprozesse sein. Viele Betriebe werden sich Strom und Wärme auf Basis Biomasse selbst erzeugen. Gas und Öl wird teilweise noch in Verwendung sein, dort, wo der Ersatz besonders schwierig ist. Die weitgehende Automation der Abläufe wird den Stromverbrauch weiter steigen lassen. Die Transportkosten auf der Straße werden deutlich höher sein als heute. Ein leitungsfähiges Bahnnetz und eine sichere Versorgung mit Elektrizität und anderen Energieträgern wird ein entscheidender Standortvorteil sein.

Landwirtschaft

Für die Landwirtschaft gelten ähnliche Überlegungen wie für die Wirtschaftsbetriebe. Kombinierte Betriebe mit Pflanzenbau und Tierproduktion werden bevorzugt sein, weil sie auf den Zukauf von teurem Stickstoff weitgehend verzichten können. Ackerbaubetriebe werden verstärkt Stickstoffsammler in die Fruchtfolge einbauen, um so den Zukauf von Stickstoff zu minimieren. Als Treibstoffe werden überwiegend Biodiesel oder Pflanzenöle zum Einsatz kommen. Die Stallbauten werden so konzipiert, dass auf die Zufuhr von Fremdenergie fast verzichtet werden kann. Viele Betriebe werden Strom und Wärme selbst erzeugen. Das Produktionsprogramm der Betriebe wird sich stark in Richtung Energieproduktion verändert haben, eine Flächenstilllegung zur Verringerung der Produktion wird es nicht geben, im Gegenteil, die Erhaltung und Nutzung aller landwirtschaftlichen Flächen wird höchste Priorität haben, weil mittlerweile allgemein erkannt wird, dass nur die Pflanzen nachwachsende Rohstoffe produzieren.

Doch die Entwicklung in diese Richtung wird nicht von selbst kommen. Sie muss durch wirtschaftliche und politische Rahmenbedingungen rechtzeitig eingeleitet werden. Dazu sind klare Ziele notwendig.

Das Ziel: Plus ein Prozentpunkt erneuerbare Energie pro Jahr

Um bis zum Jahre 2050 das Energiesystem so zu verändern, wie dies eben skizziert wurde, ist ein langer Weg zurückzulegen. Die solare Energiewirtschaft kann in diesem Jahrhundert nur Wirklichkeit werden, wenn dieses Ziel konkretisiert und auf überschaubare Einzelziele aufgeteilt wird. Deswegen müsste die neue Zielsetzung der österreichischen Energiepolitik lauten:

Der Anteil solarer Energieträger am Primärenergieaufkommen wird in Österreich jährlich um einen Prozentpunkt erhöht!

Diese Entwicklung wird einerseits durch die Forcierung der erneuerbaren Energieträger und andererseits durch die Verbesserung der Energieeffizienz und den Rückgang des Primärenergieverbrauches angestrebt. In absoluten Zahlen ausgedrückt bedeutet dies, dass der Ausbau der solaren Energieträger und die Verbesserung der Energieeffizienz jährlich zu einem Rückgang der fossilen Energieträger um rund 258.000 Tonnen Öläquivalent (das sind elf Petajoule) führen.

Aus dem Ziel folgt daher:
Minus elf Petajoule fossile Energie pro Jahr!

Bei Einhaltung dieser Zielsetzung würde Österreich bis zum Jahre 2012 seine Verpflichtungen aus dem Kyoto-Vertrag exakt einhalten. Nachdem Österreich zurzeit 75 Prozent seines Energiebedarfes mit fossilen Energien deckt, würde die Realisierung dieser Zielvorgabe bedeuten, dass Österreich nach 75 Jahren, also im Jahre 2075, auf die fossilen Energieträger zur Gänze verzichten könnte.

In der Praxis würde der Aufbau der solaren Energiewirtschaft allerdings nicht linear, mit jährlich gleichbleibenden Zuwachsmengen ablaufen, sondern in dynamischer Form, wie dies derzeit schon bei der Entwicklung der Windenergie in Europa oder der Pelletskessel in Österreich zu beobachten ist. Einer Einführungsphase mit geringen Installationen folgt über einen Zeitraum von zehn bis 20 Jahren die Periode dynamischer Marktentwicklung mit jährlichen Zuwachsraten von 20 bis 40 Prozent, bis dann die Phase der Marktsättigung mit einem Rückgang der Zuwachsraten eintritt.

In den ersten Jahren der Realisierung eines solchen Langzeitprogrammes würde der Schwerpunkt im Ausbau der solaren Energieträger liegen. In späterer Folge würde die Energieeffizienzverbesserung an Gewicht gewinnen. Bezogen auf einzelne Zeitperioden ergibt sich aus diesen Überlegungen folgende Zielsetzung:

Österreich Zeitplan für den Aufbau der solaren Energiewirtschaft

Jahr	Anteil solare Energieformen
2000	25 %
2025	50 %
2050	75 %
2075	100 %

Diese langfristige Zielsetzung, festgelegt durch das offizielle Österreich, hätte eine ganz außerordentliche Bedeutung als Orientierungshilfe für alle langfristigen Entscheidungen der Mitspieler im Energiesystem (siehe Anhang II, Tabellen 1,2 und 3).

Natürlich ist es heute müßig, sich darüber den Kopf zu zerbrechen, welche Aktivitäten im Einzelnen zwischen 2050 und 2075 notwendig sein werden, um dieses Ziel zu erreichen. Entscheidend dagegen ist es, sich darüber klar zu werden, welche Schritte in den nächsten Monaten, in den nächsten Jahren und innerhalb der nächsten 25 Jahre gesetzt werden müssten, um dieser langfristigen Zielsetzung zu entsprechen. Auch die Durchführung eines noch so großen Vorhabens, die Realisierung einer noch so weiten Reise oder der Aufstieg auf einen noch so hohen Berg beginnen immer mit den ersten Schritten.

Eine wichtige Hilfe zur Festlegung dieser ersten Schritte ist die Beschreibung der Teilmärkte des Energiesektors, also der Märkte für Strom, Wärme und Treibstoffe.

Die vollsolare Stromversorgung

Unter den Mitgliedsländern der Europäischen Union hat Österreich zurzeit den höchsten Anteil an solarer Energie in der Stromversorgung, und zwar dank des Ausbaues der Wasserkraft, die die Generationen vor uns in einer schwierigen Zeit mit großer Weitsicht vorangetrieben haben.

Gegenwärtig werden etwa 70 bis 72 Prozent des Strombedarfes Österreichs aus Wasserkraft gedeckt. Aus dem Gesamtkonzept „Plus ein Prozent erneuerbare Energie = vollsolare Energieversorgung im Jahr 2075" ergibt sich für den Strombereich folgendes Teilziel:

Angestrebte Anteile der solaren Energie an der Stromversorgung Österreichs

2000	70 %
2025	90 %
2050	100 %

Demnach soll längstens innerhalb von 50 Jahren die Stromversorgung in Österreich zur Gänze aus erneuerbaren Quellen erfolgen.

Wie kann dieses ehrgeizige Ziel, das nur auf den ersten Augenblick hin einfach aussieht, tatsächlich erreicht werden?

Zunächst muss ein Wort zur Dämpfung der Stromnachfrage gesagt werden. Der Stromverbrauch ist in Österreich in den letzten Jahren im Schnitt der Jahre jährlich um knapp über eine Milliarde Kilowattsstunden gestiegen, also um etwa 1,6 Prozent. Wenn dieser starke Verbrauchsanstieg anhält, dann wären schon im Jahre 2025 statt heute 60 dann 85 Milliarden Kilowattstunden Strom notwendig. Eine vollsolare Stromerzeugung ist nur erreichbar, wenn dieser starke Anstieg des Stromverbrauchs gebremst wird. Dazu bietet sich eine Reihe von Ansatzpunkten an.

Die Reduktion des Stromverbrauches

1. Elektroheizungen

Ein Ansatzpunkt liegt im Verzicht auf Elektroheizungen. Elektroheizungen mit Strom, der kalorisch erzeugt wird, sind besonders ineffizient, weil für die Erzeugung einer Kilowattstunde Strom, geliefert an den Endverbraucher, mindestens drei Kilowattstunden Primärenergie, sei es nun Biomasse oder fossile Primärenergie, notwendig sind. Wird Biomasse statt zur Stromerzeugung direkt zur Wärmeerzeugung verwendet, so ist der Wirkungsgrad nicht 30, sondern 75 bis 90 Prozent. Es kann daher mit der gleichen Menge Primärenergie zwei- bis dreimal soviel an Nutzenergie bereitgestellt werden. Der Rückgang der Elektroheizungen in Österreich ist schon im Gange, er sollte in Zukunft beschleunigt fortgesetzt werden. Durch den weiteren Rückgang der Elektroheizungen könnten insgesamt bis zu sechs Milliarden Kilowattstunden eingespart werden.

2. Wärmepumpen

Ohne Zweifel sind Wärmepumpen effizienter als Elektroheizungen, weil im Schnitt mit einer Kilowattstunde Elektrizität drei Kilowattstunden Wärme bereitgestellt werden und dadurch die Wirkungsgradverluste der Stromproduktion und des Stromtransportes teilweise oder zur Gänze kompensiert werden. So gesehen sind Wärmepumpen effiziente Elektroheizungen. Doch das kann nicht darüber hinwegtäuschen, dass jede neu installierte Wärmepumpe je Einfamilienhaus den Stromverbrauch beachtlich erhöht. Der zusätzliche Stromverbrauch, der durch die Installation von Wärmepumpen entsteht, wird derzeit aus kalorischen Kraftwerken mit Fossilenergie oder durch Import von Atomstrom gedeckt. Jede neue Wärmepumpe erhöht daher den CO_2-Ausstoß um drei bis fünf Tonnen (kalorische Stromerzeugung) oder schafft neue Absatzmöglichkeiten für Atomstrom. Daraus folgt: Solange der Strombedarf nicht zu 100 Prozent aus solaren Energiequellen gedeckt wird, steht die Installation von Wärmepumpen im Widerspruch zu dem angestrebten Ziel, innerhalb von 50 Jahren auf Strom aus fossilen oder nuklearen Quellen zu verzichten. Daher sollte in Österreich bis zur Erreichung der vollsolaren Stromversorgung der Ausbau der Wärmepumpen nicht gefördert, sondern gebremst werden.

3. Rückzug der Elektrizität aus der Warmwasserbereitung

In vielen Häusern wird heute wie selbstverständlich Elektrizität zur Warmwasserbereitung eingesetzt. Für diesen Zweck werden jährlich ebenfalls große Mengen Strom benötigt. Zumindest während zwei Drittel des Jahres, das heißt von März bis Oktober, bieten die Solarkollektoren die Möglichkeit, das Warmwasser durch direkte Nutzung der Sonnenenergie zu erzeugen, ohne den Umweg über die Elektrizität. Daher sollte in Zukunft die Warmwasserbereitung im Sommer durch Solarkollektoren und im Winter durch das Biomasse-Heizsystem erfolgen.

4. Effizienzverbesserung bei Beleuchtung und Geräten

Ein weiterer Ansatzpunkt ist die Verbesserung der Effizienz der Strom verbrauchenden Geräte, das fängt besonders bei der Beleuchtung an. Etwa acht bis zehn Milliarden Kilowattstunden Strom werden jährlich für die Beleuchtung eingesetzt. Die Verwendung von Energiesparlampen bietet die Möglichkeit, den Stromverbrauch drastisch zu reduzieren. Ebenso ist der Stromverbrauch in modernen, Energie sparenden Elektrogeräten geringer als bei alten Geräten, bei deren Konstruktion das Energiesparen nicht beachtet wurde.

Diese angeführten Beispiele könnten noch weiter ergänzt werden. Sie zeigen, dass es zahlreiche Möglichkeiten gibt, den Stromverbrauch zu verringern, ohne auf Komfort zu verzichten. Die Umsetzung dieser Möglichkeiten wird umso eher stattfinden, je stärker der ökonomische Anreiz zur Verringerung des Stromverbrauches ist.

Eine Anhebung der Steuer auf Elektrizität und die Rückführung der Steuereinnahmen zur Senkung der Sozialversicherungsbeiträge und der Lohnnebenkosten ist ein wichtiger Schritt, um die Potenziale der Einsparungen rasch zu nutzen.

Auf der anderen Seite gibt es verschiedene Bereiche, die zu einer Zunahme des Stromverbrauches führen, wie etwa die weitere Industrialisierung, die Automatisierung von Arbeitsabläufen im Produktionsbereich, der weitere Ausbau der Kommunikationssysteme und der Dienstleistungen. Dazu kommt, dass in ferner Zukunft möglicherweise große Mengen Strom für die Erzeugung von Wasserstoff notwendig sein werden.

Deswegen ist auf dem Weg zur vollsolaren Stromerzeugung neben den aufgezählten Aktivitäten zur Reduktion der Nachfrage auch die Ausweitung der solaren Stromerzeugung erforderlich.

Der Ausbau der solaren Stromerzeugung 2000 bis 2025

In dem zugrunde liegenden Szenario (Anhang II, Tabellen 2, 5a und 5b) wird angenommen, dass der Stromverbrauch bis zum Jahre 2025 trotz intensiver Sparbemühungen weiter zunimmt. Um 90 Prozent des benötigten Stromes im Jahre 2025 aus solaren Quellen zu decken, müssen aus diesen Quellen 17 Milliarden Kilowattstunden Strom zusätzlich bereitgestellt werden. Neben dem Ausbau der Photovoltaik, die zur Erreichung des Zieles in diesem Zeitraum wenig beitragen wird, ist es vor allem der Ausbau der Wasserkraft, der Windenergie und der Stromerzeugung aus Biomasse, der diese Mehrproduktion erbringen muss, wobei aus dem biogenen Bereich vor allem Biogas zur Stromerzeugung forciert werden sollte. Denn der Energieinhalt von Gülle und Mist kann nur über die Biogastechnologie in den Dienst des Energiesystems gestellt werden, während feste und flüssige Biomasse sich besonders für die Wärme- und Treibstoffproduktion anbieten. Außerdem trägt der Ausbau der Biogastechnologie zur Verringerung der Methan-Emissionen bei.

Beim Ausbau der solaren Stromschiene sind Besonderheiten des österreichischen Systems der Stromversorgung zu bedenken. Der in Österreich erzeugte Strom aus Wasserkraftwerken wird zu etwa 60 Prozent im Sommerhalbjahr und zu 40 Prozent im Winterhalbjahr angeboten. Der Stromverbrauch dagegen ist im Winterhalbjahr deutlich größer als im Sommerhalbjahr. Ein saisonaler Ausgleich ist nur beschränkt durch Speicherkraftwerke möglich. Strom aus Windkraftwerken wird weitgehend unabhängig von der Jahreszeit angeboten.

Nachdem Biomasse gespeicherte Sonnenenergie darstellt, bietet die Stromerzeugung aus Biomasse die Möglichkeit, einen saisonalen Ausgleich herbeizuführen. Daher müsste die Stromerzeugung aus Biomasse auf das Winterhalbjahr konzentriert werden. Dies kann zum Beispiel dadurch erreicht werden, dass in Österreich bei der Festsetzung der Einspeisetarife für Strom aus Biomasse im Winterhalbjahr ein deutlich höherer Einspeisetarif zur Anwendung kommt als für die Stromerzeugung im Sommerhalbjahr. Dadurch würde erreicht, dass die Planung der Anlagen schon in diese Richtung erfolgt und eine sinnvolle Kombination der Stromerzeugung aus Biomasse, Wind und Wasserkraft sichergestellt wird. Eine Differenzierung des Tarifes zwischen Sommer und Winter bei Windstrom ist dagegen nicht notwendig, weil ein Anlagenbetreiber auf das Windanbot ohnehin keinen Einfluss hat.

Von den sechs solaren Energietechnologien – Photovoltaik, Solarkraftwerke, Wind, Wasser sowie Solarkollektoren und Biomasse – bieten sich die ersten vier Technologien nur für die Stromerzeugung an. Solarkollektoren liefern Wärme und nur die Biomasse kann sowohl für die Strom-, Wärme- wie auch für die Treibstofferzeugung eingesetzt werden. Daraus folgt: Feste und flüssige Biomasse sollte in der Stromerzeugung nur in Anlagen eingesetzt werden, die hohe Wirkungsgrade erreichen und im Übrigen der Wärme- und Treibstoffversorgung dienen.

In Übereinstimmung mit dem vorgeschlagenen Ziel müssten von 2000 bis 2025 jährlich zusätzlich 680 Millionen Kilowattstunden Strom aus solaren Quellen erzeugt werden. Dann würden im Jahre 2025 etwa 90 Prozent des Strombedarfes aus erneuerbaren Energiequellen kommen.

In den kommenden 25 Jahren müssten daher jährlich 160 neue Kleinwasserkraftwerke durchschnittlicher Größe, 95 moderne Windkraftanlagen, 100 Anlagen zur Stromerzeugung aus Biomasse, seien es nun Biogas, Holzvergasung, Stirlingmotoren oder Biomassezufeuerungen zu kalorischen Kraftwerken, in Betrieb gehen. Dazu sollten jährlich 70 000 Quadratmeter photovoltaische Zellen kommen.

Parallel dazu könnte die Kapazität der kalorischen Kraftwerke mit fossilen Energieträgern halbiert werden.

Periode 2025 bis 2050

Wenn es gelingt, dieses Konzept bis zum Jahre 2025 zu realisieren und tatsächlich 90 Prozent des Stromes aus erneuerbaren Quellen zu erzeugen, so wird die vollständige Umstellung der Stromerzeugung auf solare Quellen bis zum Jahre 2050 leichter fallen. Einerseits ist anzunehmen, dass die Maßnahmen zur Dämpfung des Stromverbrauches sich dann schon wesentlich stärker auswirken werden und es dadurch zu einem Rückgang des Stromverbrauches in den klassischen Bereichen kommt, andererseits ist jedoch auch zu bedenken, dass von 2025 bis 2050 möglicherweise die Nutzung des Wasserstoffes aus solaren Quellen zumindest in die Phase des großflächigen Erprobens treten wird. Gleichzeitig ist auch damit zu rechnen, dass bis dorthin große Fortschritte in der Stromerzeugung aus photovoltaischen Zellen und aus Solarkraftwerken erzielt werden, sodass diese Formen der Stromerzeugung deutlich an Gewicht gewinnen werden. Dennoch wird auch der weitere Ausbau der Stromerzeugung aus Wind, Wasserkraft und Biomasse notwendig sein, damit bis 2050 die letzten kalorischen Kraftwerke, die mit Öl, Gas und Kohle fahren, schließen können.

Die weitere Entwicklung des Strombedarfes bis 2075 wird wesentlich davon abhängen, wie weit sich Wasserstoff als Energieträger im Verkehrswesen durchsetzt.

Entscheidend an diesen Überlegungen ist die Erkenntnis, dass Österreich binnen einiger Jahrzehnte die vollsolare Stromversorgung erreichen kann und dann keine klimaschädlichen Treibhausgase durch den Stromverbrauch emittieren würde. Allerdings sind dazu große Anstrengungen und die Umleitung der Investitionsströme in diese Richtung notwendig. Gleichzeitig müsste die Öffentlichkeit darauf vorbereitet werden, dass eine große Anzahl von Windkraftanlagen aufgestellt werden muss, damit die kalorischen Kraftwerke ersetzt werden können.

Die vollsolare Wärmeversorgung

Die vollsolare Wärmeversorgung ist ein Ziel, dessen Realisierung noch schwieriger und langfristiger sein wird, als dies bei der solaren Stromversorgung der Fall ist. Dies ist schon daraus ersichtlich, dass der Anteil der erneuerbaren Energieformen an der Wärmeversorgung im Jahre 2000 erst bei 25 Prozent lag. Deswegen wird auch für die Erreichung dieses Zieles ein Zeitraum von 75 Jahren angenommen. Folgende Entwicklung wird unterstellt:

Anteil der solaren Energieträger an der Wärmeversorgung

2000	25 %
2025	60 %
2050	90 %
2075	100 %

Zur Erreichung dieses Zieles bieten sich drei Strategien an:
1. Reduktion des Primärenergieeinsatzes durch bessere Wärmedämmung und bessere Energieumwandlungssysteme
2. Solarkollektoren und
3. Biomasse

Die mengenmäßig wichtigste Strategie ist ohne Zweifel die Reduktion des Raumwärmebedarfes. Dabei ist zu berücksichtigen, dass von der in Österreich benötigten Wärmemenge etwa 60 Prozent für die Raumwärme, 30 Prozent für die Prozesswärme und zehn Prozent für die Warmwasserbereitung zum Einsatz kommen. Die Reduktion des Raumwärmebedarfes durch verbesserte Isolierung, durch Sanierung bestehender

Häuser und Bau neuer, Energie sparender Wohn- und Bürogebäude ist eine kapitalintensive und langfristige Angelegenheit. Daher wird angenommen, dass der Effekt der Reduktion im Wärmeverbrauch in den Jahren nach 2025 deutlich stärker sein wird als in der Zeitspanne bis dort hin. Innerhalb einer Periode von 75 Jahren erscheint es jedenfalls realistisch, den Bedarf an Raumwärme um mehr als die Hälfte zu reduzieren.

Der Bedarf an Prozesswärme wird deutlich weniger zurückgehen und der Energieeinsatz für den Warmwasserbereich wird wohl am wenigsten absinken. Daraus ergeben sich für die einzelnen Perioden folgende Überlegungen:

Periode 2000 bis 2025

Im Sinne der Zielsetzung, den Anteil der solaren Energieträger jährlich um einen Prozentpunkt zu erhöhen, müsste in den kommenden 25 Jahren ein besonderer Schwerpunkt in der teilweisen Umstellung der Wärmeversorgung liegen. Diese Umstellung würde darin bestehen, dass der Anteil der mit Öl und Gas beheizten Wohnungen entgegen dem bisherigen Trend rapid zurückgeht und stattdessen der Ausbau der Wärmeversorgung mit Fernwärme, Biomasse und teilweise Solarkollektoren dynamisch zunimmt.

Die Investitionsrate der Solarkollektoren und der biogenen Heizsysteme müsste jährlich mindestens dreimal so hoch sein wie in der Vergangenheit und jährlich folgenden Umfang erreichen: 100 Heizwerke mit einer durchschnittlichen Leistung von einem Megawatt, 5 000 Hackschnitzelheizungen für kleinere Gewerbebetriebe, landwirtschaftliche Betriebe und andere kleinere Verbraucher, 40 000 Pelletsheizungen für Einfamilienhäuser, 450 000 Quadratmeter Solarkollektoren. Immerhin geht es darum, gemäß diesem Szenario jährlich mehr als sechs Petajoule, etwa 155 000 Tonnen Öleinheiten zu substituieren (siehe Anhang II, Tabelle 6).

Der Bedarf an Brennmaterial in Form von Nebenprodukten der Forst- und Sägewirtschaft wie Rinde, Hobelabfälle, Sägespäne, aber auch Waldhackgut, Flurgehölze, Industriehackgut würde jährlich im Gegenwert von etwa 460 000 Festmeter steigen. Der Bedarf an Pellets für die neuen Heizsysteme würde schon in knapp zehn Jahren über eine Million Tonnen betragen. Zur Sicherung der Rohstoffversorgung wird es daher notwendig sein, auch jene Waldflächen zu bewirtschaften, die bisher nur unregelmäßig genutzt werden und mehrere 10 000 Hektar Energiewaldflächen anzulegen.

Periode 2025 bis 2075

In der ferneren Zukunft könnte dieser Rhythmus zum Ausbau der Wärmeversorgung aus solaren Quellen verlangsamt werden, weil dann die Aktivitäten zur Reduktion des Wärmebedarfes stärker greifen werden.

Diese Perspektiven zeigen nicht nur, dass die Wärmeversorgung mit Biomasse und Solarkollektoren wesentlich rascher als bisher ausgebaut werden muss, sondern auch, dass die Investitionstätigkeit für fossile Energieträger neu zu konzipieren ist. Der Ausbau weiterer Gasnetze verliert seinen Sinn angesichts des Bestrebens, die fossile Energie schrittweise aus dem Wärmebereich zu verbannen. Ebenso ist jede Maßnahme zur Förderung fossiler Heizsysteme, etwa im Rahmen von Kesselaustauschaktionen, kontraproduktiv. Andererseits ist es notwendig, im Inland alle jene Wirtschaftssparten, die die Bereitstellung von Wärme aus Biomasse oder Solarkollektoren sicherstellen, also die Hersteller von Solarkollektoren, die Hersteller von Pellets, von Hackgut, von Brennholz und ebenso die Kesselhersteller selbst, zu animieren, ihr Anbot entsprechend dem steigenden Bedarf auszuweiten. Die systematische Ablöse von Öl und Gas im Wärmebereich ist vor allem auch deswegen notwendig, weil sich in diesem Marktsegment sinnvolle Alternativen durch die Solarkollektoren und die Biomasse anbieten. Ein Faktum, das für den Bereich der Treibstoffversorgung bisher nicht so klar auf dem Tisch liegt.

Die vollsolare Treibstoffversorgung

Am schwierigsten ist die Umstellung auf solare Energieformen im Treibstoffbereich. Dies ist schon daraus ersichtlich, dass zu Beginn des 21. Jahrhunderts in der Stromerzeugung 70 Prozent, in der Wärmeversorgung 25 Prozent und in der Treibstoffversorgung weniger als ein Prozent erneuerbare Energieträger zum Einsatz kommen.

Die diesem Szenario zugrunde liegenden Kalkulationen gehen davon aus, dass die fossilen Energieträger im Treibstoffbereich noch viele Jahrzehnte eine wichtige Funktion einnehmen werden, etwa nach folgendem Ablauf (Anhang II, Tabelle 7).

Anteil der solaren Energieträger am Treibstoffmarkt

2000	0,5 %
2025	7,0 %
2050	15,0 %
2075	100,0 %

Natürlich geht es auch in der Treibstoffkonzeption zunächst um die Reduktion der Nachfrage. Der größte Beitrag dazu wird von der Autoindustrie kommen, aber auch von den Rahmenbedingungen, die den Kauf sparsamer Autos wirtschaftlich interessant machen. Es liegt auf der Hand, dass nur eine deutliche Erhöhung der Treibstoffpreise den notwendigen Anreiz zum Kauf sparsamer Autos schafft und auch die Industrie dazu bringt, sparsame Autos auf den Markt zu bringen. Treibstoff unabhängige Belastungen des Straßenverkehrs, etwa durch Abgaben je gefahrenem Kilometer, sind kontraproduktiv, weil sie das Fahren an sich verteuern, unabhängig davon, ob viel oder wenig Energie verbraucht wird.

Gerade im Hinblick auf die langen Vorlaufzeiten, die für die Entwicklung sparsamer und extrem sparsamer Autos und ihrer Markteinführung erforderlich sind, ist es entscheidend, dass schon jetzt durch politische Maßnahmen klare Signale für die Produzenten und Käufer von Autos gegeben werden, dass in Zukunft Treibstoff wesentlich teurer sein wird als jetzt. Ohne Zweifel sind Pendler von hohen Treibstoffpreisen besonders betroffen. Es sollte überlegt werden, ob Pendlern durch einen einmaligen Investitionszuschuss zum Ankauf besonders sparsamer Autos nicht mehr geholfen werden kann als durch die Gewährung regelmäßiger Pendlerbeihilfen, denn auf diese Weise würde der Treibstoffverbrauch und damit der CO_2-Ausstoß trotz Pendelns wirksam und auf Dauer reduziert.

Neben der massiven Verringerung des durchschnittlichen Flottenverbrauches wird es auch notwendig sein, den Transport von Gütern mit geringem Wert je Volumen und Gewichtseinheit wieder zu verringern. Auch dies wird am konsequentesten durch eine deutliche Verteuerung der Transportkosten erreicht. Damit wird es notwendig werden, lokale und regionale Kreisläufe wieder zu stärken. So gesehen ist auch die derzeit laufende weltweite Arbeitsteilung durch Liberalisierung der Märkte und Zunahme der Transportaktivitäten, noch dazu mit steuerbefreiten fossilen Treibstoffen wie im Falle des Luftverkehrs, unüberlegt und steht im Gegensatz zu den Grundsätzen einer nachhaltigen Entwicklung.

Abgesehen von diesen strukturellen Fragen knüpfen sich große Erwartungen an die Autoindustrie hinsichtlich der Produktion sparsamer Fahrzeuge. Dabei zeichnen sich verschiedene Konzepte ab:

- die Verringerung des Treibstoffverbrauches durch weitere Verbesserung der herkömmlichen Verbrennungsmotoren,
- die Herstellung von Hybridfahrzeugen, also kombinierten Fahrzeugen mit Verbrennungsmotoren und Elektromotoren, die die Bremsenergie in Strom umwandeln und dadurch effizienter sind, und
- schließlich die Entwicklung von Autos mit einem Wasserstoffantrieb – sei es nun über Brennstoffzellen oder andere technische Lösungen.

Daneben spielt natürlich auch die Entwicklung des öffentlichen Verkehrswesens und die Veränderung des individuellen Verhaltens eine gewichtige Rolle.

Durch die allmähliche Umstellung der Autoflotte auf sparsame und extrem sparsame Autos wird die Möglichkeit geschaffen, die individuelle Mobilität in gewohnter Form ohne nennenswerte Mehrkosten für den Einzelnen trotz höherer Treibstoffpreise zu erhalten. Allerdings erfordert eine solche Umstellung mehrere Jahrzehnte. Deswegen wäre es klug, jetzt mit den entsprechenden Preissignalen zu beginnen. Wenn dies unterlassen wird und man zuwartet, bis es zu extremen Preisausschlägen als Folge einer Energiekrise kommt, dann fehlt kurzfristig die Zeit, auf sparsame Autos umzusteigen, weil solche dann gar nicht in genügender Menge entwickelt, produziert und angeboten werden. Außerdem würde dann viel Geld für die hohen Energiekosten verbraucht werden, das dann für die Umrüstung nicht mehr zur Verfügung stünde.

Neben diesen Strategien zur Verbrauchsreduktion geht es um die zentrale Frage, welche solaren Treibstoffe für den Ersatz der fossilen Treibstoffe in Frage kommen.

Periode 2000 bis 2025

Für die nächsten 25 Jahre wird auf dem Gebiet der solaren Treibstoffe keine revolutionäre Veränderung für den Massenmarkt erwartet. Es ist damit zu rechnen, dass Ethanol aus agrarischen Rohstoffen und Biodiesel aus Pflanzenölen die mit Abstand größte Bedeutung unter den Alternativtreibstoffen erreichen werden. Schon derzeit – im Jahre 2002 – gibt es von der Europäischen Kommission Vorschläge, die bis zum Jahre 2010 eine Ausweitung der Biotreibstoffe auf mehr als acht Volumsprozent des Treibstoffverbrauchs vorsehen. Eine Erhöhung dieses Anteiles auf sieben Prozent bis zum Jahre 2025 in Österreich erscheint daher gar nicht besonders ehrgeizig. Die Rohstoffbasis für die Bereitstellung entsprechender Mengen Ethanol ist gegeben. Die Produktion entsprechender Mengen an Pflanzenölen in Österreich stößt jedoch an Kapazitätsgrenzen (siehe Anhang II, Tabelle 7).

Periode 2025 bis 2075

Es ist damit zu rechnen, dass in Zukunft neue Technologien auf den Markt kommen. So zeichnet sich ab, dass früher oder später Holz oder allgemein Zellulose ein Rohstoff für die Treibstofferzeugung werden wird. Damit wird sich die Rohstoffbasis für die Ethanolerzeugung vergrößern. Nur so ist es auch vorstellbar, dass in einem Land wie Österreich bis zum Jahre 2050 etwa 15 Prozent des Treibstoffbedarfes aus solaren Treibstoffen gedeckt werden.

Doch die eigentliche Frage besteht darin, wie zu einem späteren Zeitpunkt fossile Treibstoffe zur Gänze ersetzt werden können. Diese Frage kann derzeit noch nicht mit klaren Fakten, sondern nur mit allgemeinen Überlegungen beantwortet werden. Eine solche Überlegung setzt auf die Einführung des Wasserstoffs als Energieträger und Antriebsmittel. Allerdings ist die Erzeugung von Wasserstoff mittels der Elektrolyse aus Wasser mit einem hohen Energieaufwand verbunden. Als Faustzahl kann man davon ausgehen, dass auf der Basis der heutigen Technologien zur Deckung von einem Prozent Treibstoffersatz eine Milliarde Kilowattstunden Strom für die Elektrolyse und Verflüssigung des Wasserstoffs notwendig sind. Durch technologische Fortschritte wird es höchstwahrscheinlich möglich sein, diese Relation im Laufe der nächsten Jahrzehnte zu verbessern. Aber selbst wenn der Verbrauch an Treibstoffen durch bessere Motoren deutlich zurückgeht, werden aus heutiger Sicht in der zweiten Hälfte dieses Jahrhunderts große Mengen Strom notwendig sein, um die notwendigen Wasserstoffmengen als Treibstoffersatz zu erzeugen.

Diese Perspektiven unterstreichen alle Überlegungen, den Stromverbrauch für Zwecke wie Niedertemperaturwärme, Warmwassererzeugung weiter zu reduzieren, damit Elektrizität in Zukunft für hochwertige Anwendungsformen wie Antriebskraft, Kommunikation, Beleuchtung und Wasserstoffelektrolyse zur Verfügung steht.

So zeichnet sich für die nächsten Jahrzehnte eine vollsolare Energiebereitstellung für die Mobilität auf der Basis folgender Technologien ab:

- Verbrauchsrückgang durch bessere Effizienz und neue Antriebskonzepte
- Biotreibstoffe auf der Basis landwirtschaftlicher Rohstoffe (Ethanol, Methylester)
- Biotreibstoffe auf der Basis zellulosehältiger Rohstoffe (Holz)
- Wasserstoff aus der Elektrolyse von Wasser oder der Vergasung von fester Biomasse.

Jedenfalls wird der Ersatz fossiler Energieträger im Verkehrsbereich am schwierigsten sein und daher ist es wichtig, die fossile Energie in der Strom- und Wärmeerzeugung zunächst zu ersetzen und damit Jahrzehnte zu gewinnen, in denen Öl und Gas als Antriebsstoffe für den Verkehrssektor noch zur Verfügung stehen.

Zwischenbilanz

Es ist möglich, in Österreich innerhalb von 75 Jahren die fossilen Energieträger durch solare Energieformen zu ersetzen und damit auf die Verwendung von Öl, Gas, Kohle und Atomenergie zu verzichten (7). Wenn dieses Vorhaben jetzt begonnen wird, wäre Österreich das erste Land in Europa auf dem Weg in eine tatsächlich nachhaltige Energiewirtschaft. Die Realisierung dieses Zieles erfordert eine Kombination von Maßnahmen zur Verbesserung der Energieeffizienz mit Aktivitäten zum strategisch geplanten Ausbau der solaren Energieformen. Gemäß dem zugrunde liegenden Szenario ist es vorstellbar, dass bis 2075 der Primärenergieeinsatz von 1 120 Petajoule dank der verbesserten Energieeffizienz auf 670 Petajoule zurückgeht und gleichzeitig der Beitrag der erneuerbaren Energieträger von derzeit 280 Petajoule auf 670 Petajoule steigt.

Folgende Mengen erneuerbarer Energie sind ab dem Jahre 2003 jährlich zusätzlich in das Energiesystem einzubringen, um das beschriebene Jahrhundertprojekt zu realisieren:

Jährliches Ausbauerfordernis erneuerbare Energie (2000–2025)

Strom	680 Millionen Kilowattstunden
Wärme	180 Millionen Liter Öläquivalent
Treibstoffe	20 Millionen Liter Biotreibstoffe

Diese Bemühungen müssen durch eine Senkung des Energieverbrauches um jährlich 0,3 Prozent ergänzt werden, um im Jahre 2025 dann 50 Prozent des Energieaufkommens aus solaren Energiequellen zu decken.

Im Jahre 2025 würde dann eine zusätzliche Menge von 220 Petajoule aus erneuerbaren Energieträgern zur Bedarfsdeckung bereitstehen. Zu dieser Menge sollten die einzelnen solaren Energieformen wie folgt beitragen: (siehe auch Anhang II, Tabelle 8)

Zusätzliche Menge solarer Energieformen im Jahre 2025 gegenüber 2000

Energieträger	PJ
Biomasse	147
Wasserkraft	23
Wind	22
Solarkollektoren	22
Photovoltaik, Geothermie, Umgebungswärme	6
Summe	220

Diese Zahlen zeigen, dass der Aufbau der solaren Energiewirtschaft eine gewaltige Anstrengung erfordert. Die Herausforderung, vor der wir in den nächsten 75 Jahren stehen, macht diese Anstrengungen notwendig. Klugheit und Voraussicht sprechen dafür, dass die Klimaveränderungen und Unwetterkatastrophen, die auf uns zukommen, aber auch die ökonomischen und politischen Krisen wegen der Verknappung des Erdöls für unsere Gesellschaft und Wirtschaft wesentlich unangenehmere Konsequenzen hätten als der vorgeschlagene Umbau des Energiesystems.

Resümee

In einer solaren Energiewirtschaft würde der Großteil des benötigten Stroms aus der Wasserkraft, den Windkraftanlagen, aus fester Biomasse, aus Biogas und Photovoltaik kommen, wobei die feste und flüssige Biomasse sowie das Biogas ihren Beitrag vor allem im Winterhalbjahr liefern müssten.

Der Bedarf an Wärme in Wirtschaft und Gesellschaft wäre durch Niedrigenergiehäuser wesentlich geringer als heute und würde durch Solarkollektoren, durch Solararchitektur und durch Bioenergie gedeckt.

Die Treibstoffversorgung würde gänzlich anders aussehen als heute. Neben den Biotreibstoffen wie Ethanol, Biodiesel und Nachfolgeprodukte, deren Rohstoffbasis landwirtschaftliche Kulturpflanzen und zellulosehältige Pflanzen sein werden, wird aller Voraussicht nach der Wasserstoff als Antriebsmittel eine wichtige Rolle spielen. Dieser Wasserstoff wird überwiegend mit Hilfe der Elektrolyse aus Wasser erzeugt werden, wobei etwa 30 bis 40 Prozent des gesamten Strombedarfes für die Wasserstoffproduktion erforderlich sein werden. Daher werden die Solarkollektoren die Elektrizität weitgehend aus der Warmwasserbereitung verdrängen und ebenso werden Wärmepumpen und Stromheizungen durch Solarkollektoren und Bioheizsysteme zu substituieren sein. Biomasse wird in dieser solaren Energiewirtschaft überwiegend zur Wärmeversorgung und Treibstofferzeugung und, ergänzend zur Stromerzeugung, im Winter Platz finden.

Diese Beschreibung beruht auf dem Kenntnisstand der heutigen Solartechnologien. Die Technologien werden sich weiterentwickeln und daher wird sich dieses Szenario auch deutlich verändern. Allerdings, der Grundsatz, dass die künftige Energieversorgung auf der Sonneneinstrahlung basiert, wird bleiben.

Der Aufbau des solaren Energiesystems erfordert einen enormen Zeitaufwand. Energiewirtschaftliche Entscheidungen oder Nichtentscheidungen wirken sich auf Jahrzehnte, im Falle der Treibhausgasemissionen auf Jahrhunderte, im Falle der atomaren Rückstände sogar auf Jahrtausende aus. Nur eine solare Energiewirtschaft gliedert sich mit ihren Stoffflüssen voll in die natürlichen Kreisläufe ein und hinterlässt der Nachwelt weder Belastungen, noch führt sie zu einer Plünderung der Vorräte. Nur eine solare Energiewirtschaft entspricht tatsächlich dem Prinzip des nachhaltigen Wirtschaftens. Wegen dieser langen Zeitspannen ist es notwendig, die Konsequenzen energiewirtschaftlicher Maßnahmen oder energiewirtschaftlicher Untätigkeit zu Ende zu denken. Selbst wenn wir davon ausgehen, dass wir noch insgesamt 75 Jahre Zeit haben und jedes Jahr den Anteil der solaren Energieträger um ein Prozent anheben, so müssten wir sofort unsere Bemühungen beim Ausbau der Wasserkraft, bei der Installation von Biomassesystemen, bei der Errichtung neuer Windanlagen verdoppeln, ja verdreifachen, um unser Ziel zu erreichen. Andererseits ist jedes Jahr der Untätigkeit unwiederbringlich verloren. Diese Überlegungen sind deswegen so bedeutend, weil wir nicht genau wissen, wie lange wir tatsächlich noch billiges Öl und Gas zur Verfügung haben und welche noch größeren Klimakatastrophen uns bevorstehen. Deswegen ist es so entscheidend, mit dem Umbau zum solaren Energiesystem sofort zu beginnen und uns darauf zu konzentrieren, was wir nun jedes Jahr tun müssen, um bis zum Jahre 2025 50 Prozent des Energiebedarfes aus erneuerbaren Quellen zu decken.

Doch wie kommen wir zu diesem raschen Ausbau? Dazu ist ein eigenes Sonnenenergiepaket notwendig.

10
Dynamische Märkte durch ein Sonnenenergiepaket für Österreich

Die Realisierung unseres Jahrhundertprojektes kann nur gelingen, wenn dazu in nächster Zeit ein regelrechtes Sonnenenergiepaket geschnürt wird, das die Umsetzung dieses Projektes zu einem vorrangigen Anliegen der Zivilgesellschaft, der Wirtschaft und der politischen Entscheidungsträger macht und dazu führt, dass Privatpersonen und Wirtschaftsunternehmen, die Investitionen in die solare Energiewirtschaft tätigen, deutliche wirtschaftliche Vorteile in Form höherer Gewinne oder verringerter Kosten haben. Durch ein solches Paket würde jene Dynamik in den Märkten für solare Energietechnologien entstehen, die notwendig ist, um den Umbau des Energiesystems erfolgreich zu meistern.

Eine besondere Rolle kommt dabei den Organen des Bundes, der Bundesregierung und dem Parlament, zu. Denn diesen Organen obliegt es in erster Linie, jene Rahmenbedingungen zu schaffen, die den Aufbau der solaren Energiewirtschaft innerhalb einer marktwirtschaftlichen Ordnung ermöglichen.

In den vergangenen Jahren hat die Europäische Union indikative Ziele für die Entwicklung der erneuerbaren Energieträger in den einzelnen Mitgliedsstaaten vorgegeben. Außerdem wurde auf internationaler Ebene im Rahmen des Kyoto-Prozesses eine zeitlich und mengenmäßig klar definierte Verpflichtung zur Reduktion der Treibhausgase vereinbart, die Österreich nur einhalten kann, wenn das österreichische Energiesystem danach ausgerichtet wird.

In Reaktion auf diese internationalen Entwicklungen und eingegangenen Verpflichtungen ist es daher naheliegend, dass das Parlament klare Ziele für die zukünftige Entwicklung des österreichischen Energiesystems vorgibt, die in Übereinstimmung mit den Verpflichtungen aus dem Kyoto-Vertrag, mit den Vorgaben der diversen EU-Dokumente und mit der Sorgepflicht der Politik zur Sicherung der Energieversorgung in unruhigen Zeiten stehen. Solche Ziele gibt es bisher nicht. Man kann sie bestenfalls erraten, indem man Antworten auf bestimmte Fragen sucht:

- Sollen in erster Linie die Kräfte des Marktes und die internationalen Energieunternehmen die künftige Form des österreichischen Energiesystems bestimmen?
- Soll der Anteil der fossilen Energieträger so lange steigen und der Anteil der erneuerbaren Energieträger so lange zurückgehen, solange die Marktkräfte diese Entwicklung herbeiführen?
- Soll ein möglichst tiefer Preis für Energieträger weiter der bestimmende Grundsatz energiepolitischer Maßnahmen bleiben?

Man hat den Eindruck, dass diese Fragen mit Ja zu beantworten sind und energiewirtschaftliche Entscheidungen nicht von einem Markt, geregelt durch Rahmenbedingungen, die der Staat setzt, getroffen werden, sondern von möglichst wenig geregelten Marktkräften.

Wenn das Parlament dieses Konzept einer liberalen Energiepolitik verfolgt, dann allerdings hätte es den Kyoto-Vertrag nie ratifizieren dürfen, denn auf diese Weise wird er nie zu erfüllen sein. Mit dieser Art von Laisser-faire-Politik laufen die Dinge so, wie sie laufen, und erst Katastrophen werden eine Änderung herbeiführen. Dies zeigt auch die jüngste Energieprognose des Österreichischen Instituts für Wirtschaftsforschung (Anhang I, Tabelle 4).

Im Gegensatz dazu steht eine zielgerichtete Politik, die die schrittweise Ablöse der fossilen Energieträger im Sinne des Szenarios solare Energiewirtschaft anstrebt (Anhang I, Tabelle 5). Ausgangspunkt eines solchen energiepolitischen Kurswechsels müssten bundesgesetzliche Initiativen sein. Die Punktation für eine solche gesetzliche Initiative umfasst folgende Themen:

Das Sonnenenergiegesetz

1. Die Zielsetzung

(1) Die österreichische Energieversorgung soll bis zum Jahre 2025 so umgestellt werden, dass mindestens 50 Prozent des Primärenergieaufkommens aus solaren Energiequellen gedeckt werden.

(2) Um die Erreichung dieses Zieles zu erleichtern, werden für die einzelnen Märkte folgende Teilziele festgelegt:

Anteil der solaren Stromerzeugung bis 2025	90 %
Anteil der solaren Wärmeerzeugung	60 %
Anteil der Treibstofferzeugung	7 %

Des Weiteren soll angestrebt werden, dass Österreich bis zum Jahre 2050 dann 75 Prozent des Energiebedarfes aus solaren Quellen deckt und in der zweiten Hälfte dieses Jahrhunderts eine vollsolare Energieversorgung erreicht.

(3) Um diese langfristige Zielsetzung zu erreichen, wird angestrebt, dass der Einsatz fossiler Energieträger ab dem Jahr, das der Beschlussfassung dieses Sonnenenergiepaketes folgt, jährlich zurückgeht.

(4) Alle Partner des österreichischen Energiesystems werden aufgefordert, ihre Investitionsentscheidungen an diesen langfristigen Zielsetzungen auszurichten.

2. Förderung erneuerbare Energieträger

Zur Beschleunigung des Umstiegs auf solare Energieträger werden österreichweit einheitliche Förderungsregeln für solare Energieträger festgelegt:

(1) Förderungsgegenstände:
- Solarkollektoren
- Biomasse-Verbrennungsanlagen
- Biomasse-Vergasungsanlagen
- Anlagen zur Erzeugung von Biotreibstoffen
- Windenergieanlagen
- Photovoltaische Anlagen
- Nahwärmenetze auf Basis Biomasse inklusive der Anschlüsse

(2) Förderungswerber:
- Privatpersonen
- Land- und forstwirtschaftliche Betriebe
- Gewerbe- und Industrieunternehmen
- EVUs (Energieversorgungsunternehmen)

(3) Förderungsabwicklung:
Die Zuständigkeit für die Abwicklung der Förderungsaktion für Antragsteller aus dem Kreis der Privatpersonen sowie der Industrie- und Gewerbeunternehmen liegt beim Bundesministerium für Wirtschaft und Arbeit. Die Zuständigkeit für Anträge von land-

wirtschaftlichen Betrieben liegt beim Bundesministerium für Land- und Forstwirtschaft, Umwelt und Wasserwirtschaft.

(4) Der Finanzbedarf

Für die Finanzierung sind nach einer Anlaufphase Finanzmittel in der Höhe von jährlich 170 Millionen Euro vorzusehen:

■ Kleinfeuerungsanlagen, Solarkollektoren   120 Mio. Euro

■ Heizwerke, Wärmecontracting   50 Mio. Euro

In den ersten Jahren liegt der jährliche Finanzierungsbedarf nicht bei 170, sondern bei 80 Mio. Euro.

3. Ökologische Steuerumschichtung

Zur Erreichung der Ziele wird innerhalb eines Zeitraums von drei Jahren eine Steuerumschichtung in folgender Form durchgeführt:

Die Besteuerung von fossiler Energie und Elektrizität wird jährlich – durch drei Jahre hindurch – um 0,4 Eurocent je Kilowattstunde angehoben, sodass nach diesem Zeitraum insgesamt 1,2 Eurocent/Kilowattstunde zusätzlich eingehoben werden.

Eine solche Erhöhung der Energiesteuern würde nach drei Jahren Mehreinnahmen von jährlich knapp drei Milliarden Euro erbringen. Diese Mehreinnahmen werden zum überwiegenden Teil verwendet, um Sozialversicherungsbeiträge der Selbständigen, Angestellten, Arbeiter und Pensionisten sowie um Lohnnebenkosten der Arbeitgeber zu senken. Ein kleiner Teil der Mehreinnahmen dient zur teilweisen Finanzierung des Förderprogrammes und zur Verringerung der Staatsschulden.

4. Treibstoffprogramm

Zur Erreichung einer siebenprozentigen Bedarfsdeckung bei Treibstoffen durch Biotreibstoffe werden folgende Maßnahmen gesetzt:

(1) Befreiung der Biotreibstoffe, die in der Europäischen Union erzeugt werden, von Mineralsteuern, unabhängig davon, ob sie rein oder gemischt eingesetzt werden.

(2) Anpassung der Kraftstoffnormen in der Weise, dass Biotreibstoffe beigemischt werden können – bei Biodiesel bis zu fünf Prozent, bei

Ethanol bis zu zehn Prozent. Ferner muss die Möglichkeit geschaffen werden, neue Kraftstoffformen auf den Markt zu bringen.

(3) Ermächtigung der Tankstellen, regionale Treibstoffmarken auf der Basis einer Mischung von Ethanol und Benzin oder Biodiesel und Diesel zu vertreiben.

(4) Festlegen von obligatorischen Mindestbeimischungssätzen

5. Elektrizität

Das Ökostromgesetz ist ein Teil des Sonnenenergiepaketes, ebenso die dazugehörige Verordnung.

6. Erneuerbare Energien-Bericht

Das Bundesministerium für Wirtschaft und Arbeit legt dem Parlament jährlich einen Bericht über die Entwicklung der erneuerbaren Energien in Österreich vor. Aus dem Bericht muss im Detail hervorgehen, ob die gesetzten Ziele – Rückgang der fossilen Energie um elf Petajoule per Jahr und die Ausweitung der erneuerbaren Energieträger gemäß Artikel 1 – erreicht werden. Wenn das nicht der Fall ist, so sind in dem Bericht ergänzende Maßnahmen zur beschleunigten Einführung erneuerbarer Energieträger aufzunehmen.

7. Energieeffizienz und Energiesparen

Die Effizienz des Energiesystems muss verbessert werden, damit der Rückgang der fossilen Energieträger erreicht wird. Daher soll das Gesetz auch Vorgaben zur Verbesserung der Energieeffizienz und des Energie-sparens enthalten.

Neben diesem Paket gesetzlicher Maßnahmen, die sich auf die Bundesebene beziehen, sind natürlich auch die übrigen Gebietskörperschaften – Bundesländer und Gemeinden – wichtige Partner bei der Gestaltung der Rahmenbedingungen für die solare Energiewirtschaft.

Kooperation Bund – Länder – Gemeinden

In einem Kooperationsübereinkommen zwischen diesen Gebietskörperschaften müssten die Grundsätze und Richtlinien für den Aufbau der solaren Energiewirtschaft in Übereinstimmung mit den Zielsetzungen detailliert werden. Wichtige Gesichtspunkte dabei sind:

Wärme

- Keine finanzielle Unterstützung fossiler Energieträger, Streichung aller Kesselaustauschaktionen und ähnlicher Aktivitäten
- Verbindliche Beschlüsse für öffentliche Gebäude, auf fossile Heizsysteme im Rahmen von Neu- oder Ersatzinvestitionen zu verzichten
- Bindung der Wohnbauförderung an erneuerbare Heizsysteme
- Verbindliche Vorschreibung von Solarkollektoren zur Warmwasserbereitung bei Neubauten
- Kein weiterer Ausbau der Gasversorgung
- Weitere Herabsetzung der Normen für den Energiebedarf neuer Gebäude im Bereich der Wohn-, Büro- und Betriebsgebäude
- Keine Baugenehmigung bei Öl- und Gasheizungen ab einem festgelegten Jahr, zum Beispiel ab 2010, wenn solare Heizsysteme zumutbar sind.

Strom

- Programme zur Reduktion des Stromverbrauchs
- Flächen für die Errichtung von Windparks
- Mindestquoten für Ökostrom für Netzbetreiber
- Kostendeckende Einspeisetarife für Strom aus erneuerbarer Energie
- Erleichterungen für den Ausbau der Wasserkraft
- Vermehrte Installation von Solarzellen bei öffentlichen Gebäuden

Verkehr

- Betrieb von Gemeindefahrzeugen mit Biotreibstoffen und Wasserstoff

Soweit einige Beispiele für die Aktivitäten, die Gemeinden und Länder auf diesem Gebiet setzen können und zum Teil auch schon durchführen.

Ergänzend dazu sollten Vereinbarungen mit der Wirtschaft und Industrie im Sinne der vorgeschlagenen Zielsetzung kommen.

Finanzierung und Beschäftigung

Der Aufbau der solaren Energiestruktur erfordert Investitionen von über einer Milliarde Euro jährlich. Ein Teil der Investitionen wird nur durchgeführt, wenn es eine Investitionsförderung gemäß dem Sonnenenergiegesetz gibt, wobei dieser Investitionszuschuss je nach Projekt bei 20 bis 40 Prozent der Investitionskosten liegen wird. Eine Reihe von Investitionen wird allerdings auch ohne gesonderte Investitionsförderung erfolgen. Man kann davon ausgehen, dass für die Realisierung dieses Konzeptes jährlich 80 Millionen Euro zu Beginn und in weiterer Folge bis zu 170 Millionen Euro an Investitionszuschüssen erforderlich sein werden.

Ein Teil dieser Beträge stand schon bisher zur Verfügung. Die zusätzlichen Anforderungen können in einem hohen Maße durch schon budgetierte Mittel mit entsprechenden Umwidmungen gedeckt werden. So kann ein wesentlicher Teil der erforderlichen Geldmittel durch Verzicht auf den Ankauf von CO_2-Gutschriften, durch Verwendung eines größeren Teils der laufenden Umweltförderung für den Ausbau der erneuerbaren Energien, durch Zweckwidmung eines Teils der Agrar- und Wohnbauförderung für die erneuerbare Energie erfolgen. Darüber hinaus kann auch ein kleiner Teil der Mittel aus der Steuerumschichtung für diesen Zweck gewidmet werden.

Außerdem wird vorgeschlagen, dass auch die fossilen Energieunternehmen einen kleinen Teil ihres Cashflows für den Aufbau der erneuerbaren Energiestruktur bereitstellen, da sie ja in Zukunft ihre Investitionen für die fossile Energiewirtschaft reduzieren können. Diese Umwidmung wäre dann nicht berechtigt, wenn diese Unternehmen selbst Programme zum Aufbau der solaren Struktur durchführen. Diese kurzen Hinweise zeigen schon, dass die notwendigen Mittel ohne nennenswerte Belastung des Budgets aufgebracht werden können, wenn der politische Wille vorhanden ist.

Andererseits ist auch zu prüfen, welche finanziellen Auswirkungen aus dem Kyoto-Vertrag auf Österreich zukommen, wenn die bestehende Energiepolitik fortgesetzt wird. Gemäß der Energieprognose des Österreichischen Instituts für Wirtschaftsforschung (siehe Anhang I, Tabellen 4, 5) würde der Verbrauch an fossiler Energie bis zum Jahre 2020 weiter zunehmen, ebenso die CO_2-Emissionen. Österreich würde gemäß dieser Prognose bei Fortsetzung der bestehenden Energiepolitik mindestens um 15 Millionen Tonnen mehr CO_2 emittieren als laut Vertrag vereinbart. Wollte Österreich dann den Kyoto-Vertrag durch Zukauf von CO_2-Emissionsrechten erfüllen, was rechtlich nur zum Teil möglich wäre, so wären dafür, gerechnet zu heutigen Preisen, jährlich 120 bis 150 Millionen Euro zu zahlen. Diese Beträge sind alarmierend, denn sie zeigen klar: Wenn Österreich seine Energiepolitik nicht ändert, wird der Betrag, der jetzt jährlich für den Aufbau der solaren Energiewirtschaft notwendig wäre, für den Ankauf von heißer Luft aus dem Ausland gebraucht werden, ohne damit einen Cent zur Verbesserung der österreichischen Energieversorgung beizutragen.

Ein weiterer wichtiger Aspekt bei der politischen Beurteilung dieser Vorschläge ist die Wirkung auf den Arbeitsmarkt. Die rasche Inangriffnahme des Programms – „Aufbau solare Energiewirtschaft" – würde durch die vielfältigen Investitionen natürlich auch zahlreiche neue Arbeitsplätze schaffen. Vorsichtige Berechnungen ergeben ein zusätzliches Beschäftigungsvolumen von 20 000 bis 30 000 Arbeitsplätzen pro Jahr. Dazu kämen dann noch die Sekundäreffekte und in der Zukunft zusätzliche Arbeitsplätze durch die Ausweitung der Exportaktivitäten auf dem Gebiet der erneuerbaren Energie.

Gerade in einer Zeit wirtschaftlich schwacher Konjunktur bietet daher dieses Konzept die einmalige Möglichkeit, ein Beschäftigungsprogramm darzustellen, das die Bauwirtschaft, die Anlagenindustrie, den Maschinenbau, Planungs- und Steuerungsfirmen und viele andere Bereiche der Wirtschaft beflügelt. Dieses Beschäftigungsprogramm hätte den großen Vorteil, dass es gleichzeitig zumindest drei wichtige Aufgaben abdeckt, nämlich

1. die Schaffung neuer Arbeitsplätze,

2. die Sicherung der Energieversorgung und damit eine zusätzliche Sicherung des Industriestandortes Österreich und

3. die Einhaltung der Verpflichtungen, die Österreich aus dem Kyoto-Vertrag obliegen.

Diese drei Haupteffekte werden noch ergänzt durch die Verringerung der Wahrscheinlichkeit von Klimakatastrophen als österreichischem Beitrag zur weltweiten Klimaschutzpolitik, die Belebung des ländlichen Raumes und die Entwicklung einer sinnvollen Perspektive für die Nutzung jener landwirtschaftlichen Flächen, die im Zusammenhang mit der EU-Erweiterung andererseits stillzulegen wären.

Bewusstseinsbildung

Diese Vorschläge für ein Sonnenenergiepaket zur Schaffung dynamischer Märkte für die Solarenergie sind, gemessen an der derzeit praktizierten Vorgangsweise, weitreichend. Sie werden von der Bevölkerung nur dann akzeptiert, wenn die Hintergründe bekannt sind.

Nur ein kleiner Teil der Bevölkerung erkennt derzeit die Notwendigkeit, diesen tiefgreifenden und lang andauernden Umbau des Energiesystems in Angriff zu nehmen. Nur wenige sehen klar, dass viele der heute getroffenen energiewirtschaftlichen Entscheidungen Fehlentscheidungen sind, weil sie von der häufig unbewussten Annahme ausgehen, das System des ständig steigenden Verbrauches von Öl und Gas wird unbefristet weitergehen und die Weltmächte – allen voran die USA – werden schon dafür sorgen, dass die Ölpreise tief bleiben.

Diese Vorstellungen sind falsch. Die Verknappung der fossilen Energieträger wird in diesem Jahrhundert voll wirksam werden. Die Naturkatastrophen durch die Erderwärmung nehmen zu. Je länger wir in der Illusion verharren, wir könnten das fossile Energiesystem des letzten Jahrhunderts bis weit in die Mitte dieses Jahrhunderts hinein weiter praktizieren, desto früher werden uns wirtschaftliche Probleme als Folge der Energieverteuerung und ökologische Probleme in Form von Naturkatastrophen treffen.

Als erste Maßnahme ist es daher notwendig, dass private Organisationen, aber auch Gemeinden und Länder, unterstützt durch die Bundesregierung, dieses Thema aufgreifen und über die Zusammenhänge zwischen dem fossilen Energiesystem, dem Klimawandel und der kommenden Verknappung fossiler Energie informieren und der Öffentlichkeit klar kommunizieren, dass Österreich die Grundsatzentscheidung für eine solare Energiewirtschaft sofort treffen sollte.

Neuorientierung der Agrarpolitik

Der Aufbau der solaren Energiewirtschaft erfordert eine gezielte Unterstützung durch die Agrarpolitik in der Form, dass die Land- und Forstwirtschaft in die Lage versetzt wird, die erforderlichen Energieträger für die Energiemärkte bereitzustellen. Das erfordert Änderungen in dem Anbauprogramm und die Weiterentwicklung vieler Betriebe zu Energielieferanten an die Letztverbraucher. Ausführliche Überlegungen zu dieser Frage wurden an anderer Stelle publiziert (15, 16).

Dynamische Marktentwicklung

Das vorgeschlagene Maßnahmenpaket würde die Bedingungen für eine rasche Marktdurchdringung schaffen, denn immerhin müssten die jährlichen Zuwachsraten bei Windanlagen, Pelletsheizungen und Biotreibstoffen bei über 20 Prozent liegen, bei Solarkollektoren und Hackschnitzelheizungen bei zehn Prozent und das durch zehn bis 20 Jahre, um im Durchschnitt einen Prozentpunkt mehr Solarenergie pro Jahr zu erreichen.

Wo gibt es heute noch Märkte mit vergleichbarer Dynamik? Wo gibt es vergleichbare Perspektiven für die Schaffung von sinnvollen, neuen Arbeitsplätzen, wenn nicht in der solaren Energiewirtschaft? Diese großartigen Chancen gezielt zu nutzen, das ist der Sinn des Sonnenenergiepaketes.

Das Ziel, ein Prozentpunkt mehr Solarenergie pro Jahr, und das durch 75 Jahre, muss zu einem ähnlich allgemein anerkannten Anliegen werden wie die Botschaft, keine neuen Schulden zu machen. Deswegen wäre eine Zielvorgabe durch Parlament und Bundesregierung und ein Gesetz zum Ausbau der erneuerbaren Energien von so großer Bedeutung für alle weiteren Maßnahmen, weil damit ein klares Signal als Orientierungsmarke für die Gestaltung des energiewirtschaftlichen Systems der Zukunft geschaffen würde, das für alle Akteure eine Hilfe in den fälligen Entscheidungen wäre.

11
Nachhaltige Energiewirtschaft –
Beispiel für die Welt

Die Notwendigkeit einer nachhaltigen Entwicklung wurde in den letzten Jahren in den Mittelpunkt des öffentlichen Interesses gerückt (12,13). Dieser Begriff wurde international durch die Brundtland-Kommission eingeführt, die 1987 im Auftrag der UNO ihren Abschlussbericht „Our Common Future" vorlegte. Dort ist Nachhaltigkeit definiert: „Nachhaltige (dauerhafte) Entwicklung ist Entwicklung, die die Bedürfnisse der Gegenwart befriedigt, ohne zu riskieren, dass künftig Generationen ihre eigenen Bedürfnisse nicht befriedigen können."

Die Natur zeigt uns seit Jahrmillionen im Bereich der Stoff- und Energiewirtschaft eine nachhaltige Entwicklung. Die Stoffe (Materie) werden im Kreislauf geführt, dieser wird durch die Energie der Sonne angetrieben. So gesehen bietet uns die Natur das beste Vorbild für eine nachhaltige Entwicklung (14).

Welche Definition man auch verwendet, eines ist evident: Die fossile und nukleare Energiewirtschaft ist das gerade Gegenteil von Nachhaltigkeit. Diese Form der Energiewirtschaft riskiert, dass künftige Generationen ihre Bedürfnisse nicht mehr befriedigen können, weil die Vorräte weg sein werden, ganz abgesehen von den Folgen des Klimawandels für die Sicherung der Lebensmittelversorgung.

Eine Gesellschaft, die Zukunftsfähigkeit, das heißt Nachhaltigkeit erreichen will, muss ihre Energiewirtschaft nachhaltig organisieren, und dies ist nur im Wege einer solaren Energiewirtschaft möglich.

Wenn sich ein Land wie Österreich dazu entschließt, in einer Periode von 75 Jahren die vollsolare Energiewirtschaft zu realisieren, so würde damit weltweit demonstriert, was Nachhaltigkeit im Bereich der Energiewirtschaft bedeutet. Ein solcher Weg hätte weitreichende positive Auswirkungen für unser Land, aber darüber hinaus auch für die internationale Staatengemeinschaft.

Diese Vorteile sind:

■ Aufbau einer neuen Zukunftsindustrie

Mit einer Entscheidung zum Aufbau der solaren Energiewirtschaft in Österreich würde unser Land die Basis legen – für die rasche Entwicklung einer Zukunftsindustrie, die zahlreiche neue Arbeitsplätze durch Investitionen im Inland und durch verstärkte Exportaktivitäten sichern könnte.

■ Einhaltung des Kyoto-Vertrages

Als Nebenprodukt dieses Umbaues des Energiesystems würden die CO_2-Emissionen deutlich zurückgehen, etwa um 24 Mio. Tonnen bis zum Jahre 2025. Österreich würde die Auflagen, die der Kyoto-Vertrag vorgibt, erfüllen und darüber hinaus die Emissionen weit stärker reduzieren als derzeit vereinbart.

■ Krisenfestigkeit bei Verknappungserscheinungen

Wenn es innerhalb der nächsten Jahre oder Jahrzehnte zu Verknappungen auf dem Energiemarkt kommt, wäre Österreich davon nur mehr wenig betroffen, weil ein immer größerer Teil des Energiebedarfes aus inländischen erneuerbaren Energiequellen käme.

■ Neue Arbeitsplätze für den ländlichen Raum

Die Nutzung der Sonnenenergie durch die verschiedensten Technologien würde flächendeckend erfolgen und damit für den ländlichen Raum in vielfacher Hinsicht eine wirtschaftliche Aufwertung bringen. Land- und Forstwirtschaft würden zusätzliche Einkommen durch die verstärkte Produktion von Biomasse für den Energiesektor erzielen, auch die Entwicklung anderer Formen solarer Energiegewinnung würde die wirtschaftliche Basis der Bewohner des ländlichen Raumes stärken.

■ *Vermeidung von sozialen Härten durch Energiekrisen*

Die rechtzeitige Umstellung auf eine nachhaltige Energiewirtschaft würde auch die Möglichkeit bieten, ausreichende soziale Maßnahmen zur Kompensation für höhere Energiepreise einzuführen. Im Falle einer kurzfristig auftretenden Energiekrise besteht diese Chance nur sehr beschränkt.

■ Beispielwirkung für die übrige Welt

Eine der wichtigsten Konsequenzen dieser Strategie wäre die enorme Beispielwirkung für die übrige Welt. Wenn ein Land wie Österreich entgegen dem negativen Beispiel mächtiger Staaten die vorgeschlagene Forcierung der solaren Energieformen umsetzt, so würde dieses Beispiel sehr rasch in anderen Teilen der Welt Nachahmung finden. Immer mehr Menschen würden einsehen, dass nur zwei Alternativen bestehen:

Die Katastrophenstrategie: Dies ist der Weg, den der Großteil der westlichen Welt, Österreich nicht ausgenommen, und eine zunehmende Zahl der Entwicklungsländer bisher mehr oder weniger unbewusst beschreitet. Er sei noch einmal charakterisiert: Der Energieverbrauch steigt, die Emissionen der Treibhausgase nehmen zu, die Preise für Öl und Gas werden durch die Kooperation mit den Produzenten auf einem niederen Niveau gehalten und in der öffentlichen Meinungsbildung wird alles unternommen, um der Bevölkerung zu signalisieren, dass dieser Weg unbegrenzt fortgesetzt werden kann. Unwetterkatastrophen als Folge steigender Treibhausgase werden bagatellisiert und mit dem Hinweis auf ständige Klimaveränderungen in der Erdgeschichte abgetan. Der Zusammenhang zwischen der Emission von Kohlendioxid und der Erderwärmung wird ignoriert.

Im Gegensatz zu dieser Entwicklung steht die Friedensstrategie: Sie setzt konsequent auf den Verbrauchsrückgang bei fossilen Energieträgern und den Ausbau der erneuerbaren Energieträger durch Schaffung entsprechender Rahmenbedingungen innerhalb der bestehenden marktwirtschaftlichen Ordnung. Dadurch gewinnen die Natur und die Wirtschaft Zeit, den Übergang auf die zweite solare Zivilisation in Frieden zu gestalten. Dieser Frieden bezieht sich ebenso auf die Beziehung der zivilisierten Welt zur Natur wie auf die Vermeidung von militärischen Auseinandersetzungen um die letzten großen Öl- und Gasfelder. Auf diese Weise wird das Prinzip der nachhaltigen Entwicklung Realität. Die Realisierung des Jahrhundertprojekts „In 75 Jahren vollsolare Energieversorgung in Österreich" wäre weltweit ein Beispiel, wie das Prinzip Nachhaltigkeit in der praktischen Politik umgesetzt wird.

Schlusswort

Diese Schrift will aufzeigen, dass wir uns zu Beginn dieses Jahrhunderts vor einer Weichenstellung befinden. Wir können die Energieversorgung weiter so entwickeln wie in der Vergangenheit – mit einer mehr oder weniger halbherzigen Unterstützung der erneuerbaren Energieträger – oder wir folgen einer klaren Zukunftsvision: Aufbau einer solaren Energiewirtschaft in Österreich.

Die praktische Umsetzung einer solchen Grundsatzentscheidung erfordert für jede Mitbürgerin und jeden Mitbürger die Abkehr von gewissen, liebgewordenen Gewohnheiten und die Bereitschaft, neue Schritte zu wagen. Denn es geht um einen echten Paradigmenwechsel – weg von der fossilen hin zu der zweiten solaren Zivilisation.

Das Ausmaß dieses energetischen Kurswechsels wird augenscheinlich, wenn man die Fakten, die in dieser Schrift zusammengestellt sind, Punkt für Punkt durchgeht – die Notwendigkeit wird offensichtlich, wenn man die fehlende Attraktivität der Alternativen bedenkt. In diesem Sinne ist – um Hermann Scheer zu zitieren – der Aufbruch in die solare Energiewirtschaft eine Politik ohne Alternativen.

Je mehr Menschen im privaten, wirtschaftlichen und politischen Bereich Bereitschaft für diesen Aufbruch in die solare Energiewelt bekunden, umso größer ist die Chance, dass wir die Herausforderung, die der Umbau des Energiesystems nun einmal darstellt, mit Erfolg meistern. Dabei gilt zu bedenken, dass die friedliche Gestaltung dieser Umstellung umso eher gelingt, je früher wir damit beginnen. Auf dem Weg in die solare Energiewirtschaft gilt es keine Zeit mehr zu verlieren.

Literaturhinweise

(1) International Energy Agency: „World Energy Outlook – Assessing Today's Supplies to Fuel Tomorrow's Growth" IEA, Paris, 2001

(2) Schindler, Jörg u. Zittel, Werner: „Fossile Energiereserven (Erdöl und Erdgas) und mögliche Versorgungsengpässe aus Europäischer Perspektive" Endbericht, LB-Systemtechnik GmbH Ottobrunn, 2000

(3) Kenneth S., Deffeyer: „Hubbert's Peak – The Impending World Oil Shortage", Princeton, University, 2001

(4) Teilhard de Chardin, Pierre: „Der Mensch im Kosmos"; Verlag C.H. Beck; München, 1999

(5) Winter, Carl-Jochen: „Sonnenenergie nutzen", VDE Verlag, 1997

(6) Pflaumer, Helmut: „Sonne zu Strom" in Frankfurter Allgemeine Zeitung, Beilage Energie, Seite B3, Nummer 121, Dienstag, 28.5.2002

(7) Schauer, Kurt: „Ein nachhaltiges Energiesystem für Österreich", 1995, dbv-Verlag, Technische Universität, Graz

(8) Kropmeier, Helmut: „Das Passivhaus – Wohnkomfort mit Europaformat" in Erneuerbare Energie – Zeitschrift für eine nachhaltige Energiezukunft, 3/02, Gleisdorf 2002

(9) Rifkus, Jeremy: „Die H_2-Revolution – wenn es kein Öl mehr gibt – mit neuer Energie für eine gerechte Weltwirtschaft", Campus Verlag, Frankfurt, 2002

(10) Radermacher, Franz Josef: „Balance oder Zerstörung – Ökosoziale Marktwirtschaft als Schlüssel zu einer weltweiten nachhaltigen Entwicklung", Ökosoziales Forum Europa, Wien, 2002

(11) Mason, John: „Renewable Energie – US condemned by own business leaders for failure to agree on targets", Financial Times, page 7, Wednesday, September 4, 2002

(12) Die österreichische Strategie zur nachhaltigen Entwicklung – Österreichs Zukunft nachhaltig gestalten – Eine Initiative der Bundesregierung, Bundesministerium für Land- und Forstwirtschaft, Umwelt und Wasserwirtschaft, 2002

(13) Strategie der Europäischen Union für die nachhaltige Entwicklung; Europäische Gemeinschaften Luxemburg, 2002

(14) Kopetz, Heinrich G.: „Nachhaltigkeit als Wirtschaftsprinzip", Agrarverlag, Wien, 1992

(15) Kopetz, Heinrich G.: „Zukunft Grüne Energie – Kurswechsel für Landwirtschaft und Energiewirtschaft in Europa", Agrarverlag 2000

(16) Kopetz, Heinrich G.: „Die andere Agrarreform", Agrarische Rundschau, August 2002

Anhang I
Energiewirtschaft: Statistiken und Koeffizienten

Tabelle 1: Bruttoinlandsverbrauch Energie Österreich 1975–2000; PJ

	Gesamt	solar	fossil
1975[1]	869	175	694
1980[1]	1 010	224	786
1985[1]	978	259	719
1990[1]	1 068	283	785
1995[2]	1 049	275	810
2000[3]	1 217	323	894

Quellen:
[1] Energiebericht 1996 der Bundesregierung, Tabellen 4, 5; Gesamtverbrauch minus Export, 1998
[2] Statistische Nachrichten, 4. Quartal 1998; Tabellen 7.1, 7.3, 1998
[3] Statistische Nachrichten, 2. Quartal 2002, Tabelle 7.1, 2002

Tabelle 2: Stromverbrauch und Strom aus Wasserkraft Österreich 1975–2000; TWh

	Verbrauch insgesamt	Wasserkraft	Anteil Wasserkraft in %
1975	30,8	20,3	66,0
1980	38,6	25,9	67,0
1985	43,3	30,0	69,3
1990	50,0	32,1	64,2
1995	54,0	38,4	71,1
2000	60,0	43,5	72,5

Quelle: Statistische Nachrichten

Tabelle 3: CO_2-Emissionen[1) Österreich 1980–2000; Kyoto-Ziel

Jahr	Mio. t CO_2
1980	62,90
1985	59,23
1990	62,30
1995	64,00
2000	66,10

Aktuelle Tendenz für 2010: 68,5 Mio. t CO_2
Kyoto-Soll für 2010: 54,0 Mio. t CO_2
Quelle: Statistische Nachrichten; Umweltbundesamt
[1) Gesamtemissionen aus Energiesystem und anderen Quellen

Tabelle 4: WIFO-Prognose: Energie-Gesamtverbrauch in PJ und CO_2-Emissionen[1) in 1 000 t

	Gesamtverbrauch	CO_2-Emissionen
2000	1 165	60 292
2005	1 265	64 634
2010	1 327	66 215
2015	1 383	67 506
2020	1 443	69 263

Quelle: WIFO, „Baseline"-Szenario, November 2001
[1) CO_2-Emissionen nur aus dem Energiesystem

Tabelle 5: Umrechnungskoeffizienten

	Wirkungsgrad
Wasserkraftstrom	1,0
Biomasse-Strom; nur KWK	0,7
Wind, Photovoltaik, Solarkraftwerke	1,0
Fossile Stromerzeugung	0,38
1 Mio. fm Holz[1)), lufttrocken	9,47 PJ
5 000 ha Energiewälder	1 PJ
1 Mio. t Heizöl	42,6 PJ
27 700 m³ Heizöl	1 PJ

[1) ÖSTAT

103

Tabelle 6: Wasserstoff

Atomgewicht	1
Schmelzpunkt	-259° C
Siedepunkt	-252° C
Energieinhalt: 1 Norm m³	3,5 kWh
1 m³ komprimiert (100 bar)	300 kWh
1 m³ Flüssigwasserstoff	2 380 kWh
1 Tonne Wasserstoff	33 500 kWh
Elektrolyse: Wirkungsgrad	0,75 %

Tabelle 7: Spezifische Gewichte

	Dichte bei 15° C kg/dm³
Benzin	0,75
Alkohol	0,79
Diesel	0,84
RME	0,89
Heizöl leicht	0,85

Ein Normkubikmeter Erdgas wiegt 0,73 kg.

Tabelle 8: Kohlenstoffgehalt

Energieträger	Kohlenstoffgehalt
Holz	44 %
Steinkohle	70 %
Erdgas	75 %
Heizöl, Diesel	85 %
Benzin	87 %

Tabelle 9: Energieinhalte

1 kg Holz erntefrisch	7,2 MJ
1 kg Stroh	12 MJ
1 kg Holz lufttrocken	14,4 MJ
1 kg Holz atro	18,0 MJ
1 kg Steinkohle	27,9 MJ
1 kg Benzin	41,6 MJ
1 kg Erdöl	42,2 MJ
1 l Alkohol	21,3 MJ
1 kg Ethanol	27,0 MJ
1 l RME	33,3 MJ

Tabelle 10: Verwendete Vorsatzzeichen

Kilo	k	Tausend	1 000
Mega	M	Million	1 000 000
Giga	G	Milliarde	1 000 000 000
Tera	T	Billion	1 000 000 000 000
Peta	P	Billiarde	1 000 000 000 000 000

Tabelle 11: Umrechnungsfaktoren

	1 kg Öl	kWh	MJ
1 kg Öl	1	11,8	42,6
kWh	0,085	1	3,6
MJ	0,0236	0,2778	1

Anhang II
Szenario: Solare Energiewirtschaft
2000 – 2025 – 2050 – 2075

Basis: Energieflussdiagramm Österreich 2000 der E.V.A.; leicht adaptiert. Die Vergleichbarkeit mit Statistiken im Anhang I ist nicht voll gegeben, weil gemäß internationaler Konvention die elektrische Energie aus Wasserkraft mit einem Wirkungsgrad von 100 % definiert (bisher 80 %) ist und Energieinhalte von Holz realistisch reduziert sind. Dadurch ergibt sich ein reduziertes Energieaufkommen.

Das Szenario stellt eine mögliche Entwicklung bis 2075 dar – bei konsequenter Umsetzung des Sonnenenergiepakets.

Tabelle 1a: Primärenergieaufkommen Österreich
PJ

2000			2025			2050			2075		
gesamt	davon solar	fossil	gesamt	davon solar	fossil	gesamt	davon solar	fossil	gesamt	davon solar	fossil
1 120	290	830	1020	510	510	830	622	208	670	670	–

Tabelle 1b: Szenario Solare Energiewirtschaft 2075
Eckdaten

	Bruttoinlands-verbrauch, Energie PJ	Solares Energie-aufkommen PJ	Strom solare Quellen TWh	CO_2-Emissionen aus Energiesystem Mio. t CO_2
2000	1 120	290	42	60
2025	1 020	510	59	37
2050	830	622	69	15
2075	670	670	78	0

Tabelle 2: Verwendung der Primärenergie
für die Bereitstellung von Strom, Wärme, Treibstoffe
PJ

| | 2000 | | | 2025 | | | 2050 | | | 2075 | | |
| | gesamt | davon | | gesamt | davon | | gesamt | davon | | gesamt | davon | |
		solar	fossil		solar	fossil		solar	fossil		solar	fossil
Strom	327	152	175	286	220	66	257	257	–	294	294	–
Wärme	493	137	356	454	264	190	373	329	44	326	326	–
Treib-stoffe	300	1	299	280	26	254	200	36	164	50	50	–
Summe	1120	290	830	1020	510	510	830	622	208	670	670	–

Tabelle 3: Reduktion des Primärenergieverbrauches
durch Sparen und Effizienzverbesserung
PJ

	Periode 2000–2025	Periode 2026–2050	Periode 2051–2075	insgesamt 2000–2075
Rückgang in Periode	100	190	160	450
Rückgang pro Jahr	4	8	7	6,4

Tabelle 4: Ausweitung der solaren Energieträger
in den jeweiligen Perioden
PJ

	2000–2025	2026–2050	2051–2075	Summe
Strom	67	37	37	141
Wärme	128	65	– 3	190
Treibstoffe	25	10	14	49
Summe	220	112	48	380

Tabelle 5a: Stromerzeugung nach Technologien
TWh

	2000	2025	2050	2075
Wasser	41,5	48	50	50
Wind	–	6	10	11
Biomasse	0,5	5	6	8,75
Photovoltaik				
Solarkraftwerke	–	–	3	8
Summe solar	42	59	69	77,75
fossil	18	7	–	–
Gesamtsumme	60	66	69	77,75

Tabelle 5b: Stromerzeugung nach Technologien
PJ

	2000	2025	2050	2075
Wasser	150	173	180	180
Wind	–	22	36	40
Biomasse	2	25	30	45
Photovoltaik				
Solarkraftwerke	–	–	11	29
Summe solar	152	220	257	294
fossil	175	66	–	–
Gesamtsumme	327	286	257	294

Diese Übersicht ist in Zusammenhang mit der Rohstoffaufbringung zu sehen (Anhang II, Tabelle 8).

Tabelle 6: Wärmelieferung nach Technologien
PJ

	2000	2025	2050	2075
Biomasse	128	227	268	244
Kollektoren	3	25	46	66
Erdwärme	1	2	3	4
Umgebungswärme	5	10	12	12
Summe solar	137	264	329	326
fossil	440	223	98	–
Gesamtsumme	577	487	427	326

Tabelle 7: Treibstofferzeugung nach Technologien
1 000 t

	2000	2025	2050	2075
Biodiesel[2]	30	130	130	130
Ethanol Landwirtschaft[2]	–	300	450	550
Fischer-Tropsch-Treibstoffe u. a.	–	–	40	200
Wasserstoff[1]	–	–	(50)	(2 000)
Summe solare Formen	30	430	620	880
Summe fossile Treibstoffe[3]	6 770	5 760	3 700	0
Gesamtsumme	6 800	6 190	4 320	880
PJ gesamt	300	280	200	50
PJ erneuerbar (ohne Elektrolyse H_2)	1	26	36	50

[1] Wasserstoff wird in der Energiestatistik dem Strom zugerechnet.

[2] Annahme: Bei der Umwandlung landwirtschaftlicher Rohstoffe bleiben 50 % der Primärenergie in den erzeugten Biotreibstoffen.

[3] Im Jahr 2000 verteilte sich der Verbrauch von fossilen Treibstoffen (insgesamt 6 770 000 t) auf 2 000 000 t Benzin, 4 200 000 t Diesel und 570 000 t Flugbenzin.

Tabelle 8: Zusätzliche Menge solarer Energie im Jahr 2025 gegenüber 2000

PJ

Energieform	PJ		Anmerkungen
Biomasse	147		
davon Biogas	22		Gülle und Mist
			40 000 ha LN, 3,0 TWh
Holz und Nebenprodukte	65		7,74 Mio. fm Holz, Holznebenprodukte
			Rinde etc.
landwirtschaftliche			
Energiepflanzen	25		310 000 ha Flächenbedarf
Stroh	5		0,5 Mio t Stroh
Energiewälder	30		150 000 ha Flächenbedarf
Wasserkraft		23	4 000 Anlagen; 6 TWh
Wind		22	3 000 Anlagen; 6 TWh
Kollektoren		22	11 Mio. m² Kollektoren
Geothermie, Umgebungswärme, PV		6	

Im Jahre 2025 würde dann eine zusätzliche Menge von 220 PJ aus erneuerbaren Quellen zur Bedarfsdeckung bereitstehen. Zu dieser Menge sollten die einzelnen solaren Energieformen wie folgt beitragen:

.Biomasse	147 PJ
Wasserkraft	23 PJ
Wind	22 PJ
Solarkollektoren	22 PJ
Umgebungswärme, Geothermie, PV	6 PJ
	220 PJ

Tabelle 9: Die Aufbringung der solaren Energieträger nach Technologien
PJ

	2000	2025	2050	2075
Biomasse für Strom	2	25	30	45
Biomasse für Wärme	128	227	268	244
Biomasse für Treibstoffe	1	26	36	50
Summe Biomasse	131	278	334	339
Wasserkraft	150	173	180	180
Wind	–	22	36	40
Solarkollektoren	3	25	46	66
Photovoltaik,				
Solarkraftwerke	–	–	11	29
Erdwärme	1	2	3	4
Umgebungswärme	5	10	12	12
Summe solare Energie				
ohne Biomasse	159	232	288	331
Gesamtsumme	290	510	622	670

Tabelle 10: Aufbringung Biomasse
PJ

	2000	2025	2050	2075
Bisherige Aufbringung	131	131	131	131
Zusätzliche Aufbringung	–			
Biogas	–	22	22	24
Aufbringung aus der				
Forstwirtschaft				
(Waldhackgut etc.)	–	65	70	70
landwirtschaftliche				
Energiepflanzen	–	25	36	36
Kurzumtriebswälder	–	30	66	68
Stroh	–	3	9	10
Summe	131	278	334	339

Tabelle 11: Flächenbedarf (1 000 ha)[1]

	2000	2025	2050	2075
Biogas	–	40	40	50
Kurzumtriebswälder	–	150	330	340
Ölpflanzen/Biodiesel	–	120	120	120
Zucker/stärkehältige				
Pflanzen, Ethanol	–	100	140	240
Summe	–	410	630	750

[1] Annahme: Auf einem Hektar Ackerland können 3,2 t Ethanol
(Rohstoff: Getreide, Mais, Rübe) bzw. 1,1 t RME produziert werden.

Gesamte Kulturflächen in Österreich
Mio. ha

Ackerland	1,4
Spezialkulturen	0,1
Grünland	1,9
Landwirtschaftliche Fläche	3,4
Forstwirtschaftliche Fläche	3,3
Sonstige Fläche	0,8
Gesamte Kulturfläche	7,5

Demnach sind für die vollsolare Versorgung unter diesen
Annahmen zehn Prozent der Kulturfläche bzw. 22 Prozent
der landwirtschaftlichen Fläche bzw. 26 Prozent der Ackerflä-
che erforderlich. Der Energieverbrauch müsste durch Effizienzverbesserung und Sparen um 40 Prozent geringer sein
als im Jahr 2000.

Theres Friewald-Hofbauer/Ernst Scheiber

ÖKOSOZIALE
MARKTWIRTSCHAFT

Strategie zum Überleben der Menschheit

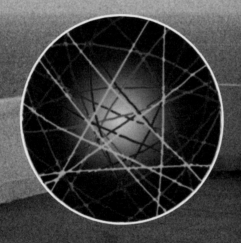

*Josef Rieglers innovatives Konzept
für Wirtschaft und Gesellschaft*

Franz Josef Radermacher

Balance oder Zerstörung

Ökosoziale Marktwirtschaft als Schlüssel
zu einer weltweiten nachhaltigen Entwicklung